日本の正しい調味料

全部取り寄せ情報付き

著　陸田幸枝
写真　大橋　弘

小学館

日本の正しい調味料【目次】

醤油

◆秋田県湯沢市

【仕込みどき】冬から春
【食べどき】2年後から

その源をたどればとうに千年を超す。けっして主役になることはないけれど、一日たりともなしにはいられない。健やかな原料と本来の製法で醸《かも》される、医食同源の名黒子《めいくろこ》。

炭火暖房の石室《いしむろ》で麹《こうじ》を養い 旧《ふる》い蔵の木桶で2年、円熟の時を待つ

➡原料は南秋田郡大潟《おおがた》村で無農薬栽培された大豆と小麦、沖縄の自然塩。醤油麹を仕込んで、2週間目のもろみ。まだ塩辛く、わずかながら醤油の香りもする。

⬆塩水を張った30石の大木桶に、担ぎ上げた醤油麹を落とし込む。舞い上がる麹の花が床を這って、朝もやのようにもろみ蔵を包む。２年かかって、佳《よ》き物が生まれる厳《おごそ》かな場所。

かつてはいい水のある町に、酒造や醤油味噌の醸造場があり、蔵はそれぞれ独自の味を持っていた。各地に地酒があるように、風土に育《はぐく》まれた地醤油もあったのだ。

　地醤油復活のきざしだろうか、旅先で、ほれぼれするような昔造りの醤油にめぐり会うことがある。

　喜色満面、味噌まで担いで帰って、冷や奴がいい、きんぴらが旨い、吸い物も格段にちがうぞと、日々のささやかな食卓を悦《よろこ》ぶのである。

　醤油の先祖といわれる醤（ひしお）は、奈良時代以前から宮廷の醤院《ひしおいん》で、醸造されていた。当時の未醤《みそ》は、調味料というより、なめみそとして食べたものだという。

　麹《こうじ》にした蒸し大豆を、塩水と混ぜて仕込むと味噌になる。味噌が熟して溜まる旨い汁がたまりである。

　江戸初期には、これに炒った麦を加えて、汁を搾る醤油が普及する。

⬆麹を室に入れた初日は、囲炉裏の炭火で暖める。そのつど藁《わら》を焼いて灰を作り、炭に被せて埋《う》み火《び》にする。火持ちよくじんわり暖まる。

原料をみな食べられる味噌と違って、半分滓《かす》になる醤油は歩留まりが悪く、高価なものだったらしい。

　江戸時代の医師、人見必大《ひとみひつだい》が著した『本朝食鑑』によると、古人は醤を評して「五味を和し　五臓を悦ばせる」といったとある。五味とは鹹《しおから》さ、甘さ、苦さ、辛さ、酸っぱさの5つ。「五味は胃に入って、それぞれの悦ぶところへ帰《き》す」と、おもしろい注釈をつけている。さらに「百薬の毒を殺す」と見解を述べ、「古くなるほど、いよいよ好い」とも記している。

　腹具合や体の調子を整え、健康を

⬅蒸し大豆と炒り小麦に種麹を混ぜ込んで、麹蓋《こうじぶた》と呼ばれる浅い木箱に分け入れる「盛り込み」作業。これを石の室《むろ》に入れて積む。

支える力があることを、古人も江戸の先生も心得ていた。醤油は単に味をつけるだけのものではなく、医食同源の調味料として高く評価されていた。今どきの水より安い醤油をみて、必大先生はなんというだろう。

「戦後しばらくは、醤油らしいものを造って出せという時代でした」

まっとうな醤油が造れなかったと、老職人の嘆きを聞いたことがある。

戦後が遠くなってからも、添加物で味付けした、安価な大量生産醤油におされた。各地の醤油醸造場の多くは、廃業の一途をたどった。

それは、長い年月かけて培われてきた、その土地独自の手触りや味わいが消えていくことでもあった。

そのまま味わう酒なら、味の違いはすぐにわかる。醤油はあくまでも料理の黒子。真っ黒の液体は旨そうでも、食欲をそそるでもない。手間暇は同じにかけても、酒ほど高い値がつくわけでもない。醤油はつらいよと、肩をもちたくなるのである。

⬆石室から醤油麹を出し、麹蓋にこびりついた麹を、一枚一枚かき落とす。もうもうと舞う麹を花と呼び、この作業を「花おとし」という。蔵人がこれを、もろみ蔵へ担ぎ上げる。

⬆仕込んで２か月間は、朝晩２回、杓《ひしゃく》で桶の中の塩水を、もろみの表面にまんべんなく打ち続ける。その後は空気を送って攪拌《かくはん》する。

⬆２年寝かせたもろみを、布袋に入れ、漆塗りの木槽《きふね》で搾る。赤く透き通った香り高い生醤油が、したたる。火入れ殺菌して瓶詰めに。

千年の知恵と人の手が丹念に醸《かも》し出す味の文化財

雪あかりの醬油蔵は、小さな生きものたちの気配に満ちて、静まり返っていた。寒さのせいか麴菌も、まだなりをひそめているらしい。

もろみ蔵の階段を上る、重い足音が聞こえる。醬油麴の桶をかついだ蔵人《くらびと》が、もう何回往復したろう。30石の大きな木桶は、まだまだいっぱいにならない。早春に仕込まれたもろみは、ここでひと夏からふた夏を越して、旨い醬油になる。

秋田の豪雪地帯湯沢市の郊外に、江戸後期から続く古めかしい醬油蔵がある。明治から大正期にかけて建った5つの醸造蔵と文庫蔵は、国の有形文化財だという。

高天井、明かりとりの小窓、太い梁《はり》、頑丈な柱、土壁。そのいたるところに蔵の主、麴菌やら酵母菌たちが代々すみ着いているはずだ。

立ち働く蔵人たちの、吐く息が白い。早春の寒さ、春の穏やかな暖かさ、梅雨から夏の蒸し暑さ、秋の穏やかさ。移ろう四季にまかせて、急《せ》かず無理せず。麴菌など蔵の主たちには、自然のままがいちばんだという。

蔵に人間用の暖房はないが、石室の床に2か所、麴菌のための炭火の囲炉裏《いろり》がある。赤い炭に藁《わら》を焼いて被せ、埋《うず》み火《び》にして麴菌の好む30℃くらいの温度を保つのだ。

「室《むろ》に入れて次の朝3時頃に、麴が出す熱で暑くなります。窓を少し開けて冷ましてやるんです」

天井の小窓の開閉ひとつで、石室の温度管理をやってのける。

放っておくと自分が出す高熱で、麴菌が死んでしまうという。麴の顔をみて手を入れ、砂場に山と谷をつくる要領で表面積を広くして、熱を逃がしてやる。室の上部は暖かく、床は寒いので、麴蓋《こうじぶた》360枚の上下をすべて積み替える。

麴が熱を発する前と後では、麴蓋の重なりの隙間の広さも、積み方も違える。きめ細かな「手入れ」を経て、丸4日後、大豆はびっしりと萌《もえ》黄《ぎ》色の麴かびに覆われる。酒にせよ、醬油にせよ、醸造の要は「一に麴」。人が惜しみなく手をかけ目を配り、2年の歳月を経て初めてものになる。

コンピュータ制御の自動製麴機《せいきくき》なら、手間もいらず失敗もないだろう。けれど何か大事なものが抜け落ちる気もする。足りないものがあるとしたら、それは職人の誇りと、上出来の麴を喜ぶ心ではないだろうか。

一日たりともなしにはいられない醬油こそ、金《かね》の草鞋《わらじ》で探したいと思うのである。

➡これが醤油のもと。蒸し大豆と炒り小麦に種麹を振り、麹蓋に盛り込んだ室入り前の麹(左)。4日後に仕上がった醤油麹（右）は、表面積を広げて放熱するため凹が3つ作ってある。

⬆石孫《いしまご》本店へは、秋田新幹線大《おお》曲《まがり》駅から奥羽本線湯沢または新庄行きで、約40分、湯沢駅下車。湯沢駅から横手行きバスで約20分、岩崎下車。

⬆『みすずの醤油』は、みすず農場が無農薬大豆原料で石孫に醸造依頼した品。900㎖ 6本4350円。『濃醇《のうじゅん》むらさき』（右）は、石孫本店の品。900㎖1000円。送料別。

⬇米味噌。左(1kg640円)右(1kg420円)米と大豆の分量を指定する客も多い。石孫本店の醤油と米味噌は、中国産オーガニック大豆を使用。送料別。

取り寄せ情報

2年仕込み『みすずの醤油』 みすず農場 〒010－0445 秋田県南秋田郡大潟村西1－2－24 ☎0185・22・4066 FAX0185・22・4065 営8：30～17：00 休日曜日／再仕込み『濃醇むらさき』 石孫《いしまご》本店 〒012－0801秋田県湯沢市岩崎162 ☎0183・73・2901 FAX0183・73・8131

たまり

◆愛知県知多郡武豊《たけとよ》町

【仕込みどき】冬から春
【食べどき】3年後から

麹《こうじ》の花を咲かせた味噌玉と塩水を仕込むと、麹菌がたんぱく質を分解して旨味成分を作り出す。色合いも旨味も濃いが塩分はひかえめ。火入れしないので有用菌も生きている。

旨い汁は100個の重石の下に3年寝て黒くとろりと育つ

⬆味噌になった3年もののたまりもろみを、2〜3㎜にのばして布に包み、圧搾機でじわりじわりと搾ると透明なたまりがしたたる。

➡武豊町の味噌蔵は、西北方向にある伊吹山に向いて立っている。伊吹おろしの寒風が吹き抜けて、おいしい味噌・たまりを育む。

⬅高さ2・5m、径2・6mの木桶に平たい川石を隙間なく敷き詰め3段に積み上げる。昔は20kgもの石をひとつひとつ下から投げ上げたという。

しばらくご無沙汰しているが、子供の頃は、刺身には黒く濃くとろりとひっぱるくらいの〝さしみだまり〟だった。

醤油よりも旨味があり、照りと甘味がでるので、照り焼きや煮魚にもたまりを使っていた。

豆味噌文化圏の愛知、岐阜、三重へ行くと、おせんに蒲焼き、佃煮、桑名の焼き蛤《はまぐり》もみなたまりである。

味噌のルーツといわれる豆味噌は、大豆だけを原料にじっくり寝かせて醸造する、くせのある香気と濃厚な旨味をもつ赤味噌だ。

豆味噌があしかけ3年も寝ている間に、桶にじわっとたまった旨味の濃い汁がたまりで、いわば味噌のエキスである。

一説によると、日本の味噌醸造は飛鳥時代に朝鮮半島から、尾張や美濃、近江周辺に住んだ渡来人が造った豆味噌に始まるとされている。東大寺古文書によると、天平2年（730）に尾張国から醬《ひしお》や未醬《みそ》が税として、奈良朝廷に届けられている。たまりの生みの親が、日本最古の味噌ならば、たまりの歴史もゆうに1000年を超す。

よくまあ長いこと飽きずに食べ続けられてきたものだと感心するが、いまだに豆味噌文化が尾張、美濃、三河あたりに根強く残っているという現実にはもうただ脱帽である。

たまり汁の黒さが料理に邪魔になったのだろう、時代とともに洗練されて江戸の後期には赤褐色に透き通る醤油が一般的になる。

大豆と小麦半々に仕込んで発酵熟成させ搾って火入れする、現在のような醤油製造法ができるまでは、自家醸造も含めてたまりが主流だった。長時間煮て菌を殺して瓶詰めする醤油とちがって、たまりは本来火を加えない生引き。店晒《たなざら》しにする必要がなければ、そのほうが旨い。

大豆を食って旨い汁にしてくれる麴菌など、たまり醸造の主役たちが生きており、病原菌や大腸菌などの有害菌を強い殺菌力で叩く。たまりに含まれるアミノ酸などの有機酸には、少々くたびれかけた魚肉をも引き締め、生臭みを消す作用もある。

さしみだまりは、刺身をおいしくかつ安全に食べる知恵だったのだ。

温暖な気候と良質な硬水に恵まれた愛知県知多半島は、古くから酒、味噌たまり、酢、味醂《みりん》等の醸造で栄えた土地である。

江戸時代後期には、知多各地の港から江戸へ出荷していた。明治19年にはいち早く名古屋―武豊《たけとよ》間に鉄道が敷かれ、戦前までは製品を積み出す港も鉄道も活気にあふれていたそうだ。武豊町の一角には、焚味噌屋《たきみそや》と呼ばれた蔵元の蔵造りの家並みがあり、重厚な醸造蔵も現役である。

➡味噌だらけになって、空桶を熱湯で洗い、天日に干して仕込みの準備。古いものは天保年間、新しいものでも昭和初期の杉の大桶。

⬇室に3日おいて味噌玉麹にする。玉の内部に増殖する乳酸菌が納豆菌の侵入を防ぐ。

⬅うっすらと黄色い麹の花を咲かせた、げんこつ飴のような味噌玉麹を木桶に仕込み、重石を置いてから塩水を注ぐ。

⬇風の通り道を読んで造られた古い蔵。江戸以来の大桶が、竹すのこの天井と土間の間に何十と並ぶ様は圧巻だ。

⬆桶の下方にある呑み口を開けてたまりを引く。半切り桶に３分の１ほどの生引きたまりが流れ出た後、スコップで掘り出して搾る。伊藤冨次郎さん。

原料の4分の1しかものにならない濃厚な仕込み

山おろしの風が通るように、土蔵の窓は西北に向いて開いている。夏もひんやりした空気が流れ、あかり採りの高窓から差すおぼろな光が土間にこぼれる。光や風の通り道を読んで造られた古い蔵に、味噌やたまりを湛《たた》えた石積みの大杉桶が居並ぶ。

石の上にも3年というけれど、たまりは重石《おもし》の下でふた夏を越し、3年かかって晴れてものになる。

「二分半といって、原料の4分の1の塩水で仕込みます」

武豊町の味噌蔵元の伊藤冨次郎さんは、醸造に最も適した寒い時季に、原料を吟味し、腕によりをかけた味噌玉麹でこだわりのたまりを仕込む。

寒い時季に仕込むと、暖かくなるにつれて菌が活発になり、夏の暑さでわいて大いに大豆たんぱくを食って、秋から冬にはおとなしくなる。

今は温度管理した室《むろ》もあり、通年仕込みになっているが、やはりこの時季のたまりが一番できがいい。

たまり桶を覗くとたまり汁はなくほとんど味噌だ。味噌ならそのまま売れるが、たまりは3年寝かせても、ひと桶の4分の3は搾りかすである。

ふつう醤油は十水《とみず》といって、原料と同量の塩水で仕込むから、このたまりがいかに贅沢かわかる。

たまり醸造の要は麹づくりである。伊藤さんは、近隣にある数軒の味噌たまり蔵の麹づくりを、一手に引き受けている。注文に応じて、花の咲かせ具合をいかようにもつくり分ける麹職人でもある。

国産大豆を蒸し煮してつぶし、径5㎜ほどの味噌玉にして、種麹をまぶして室に引き込む。ざっと10時間後に麹菌が動き始めると、室が熱くなるほどの熱を出す。室温が一気に上がると危ない。納豆菌が動き出したらひとたまりもない。

「手を入れて冷ましてやらんと、納

←長期熟成で麹菌が大豆のたんぱく質を分解して、アミノ酸はじめ様々な有機酸を生成。寝かせるほどに色つやは濃く味は深くなる。

豆菌に負けてしまうんです。目に見えん、ものもしゃべらんですから」

　気が抜けない。一番手入れがすむとひと息つく。

「菌がシロシロ出てくるもんで、目に見えるようになる」

　これを桶に固く仕込んで、原料の約半分の重石をして塩水を注ぐ。15〜20kgの丸く平べったい重石を、手でひとつひとつ隙間なく並べて2〜3段に積み上げる。

　その数はひと桶100個以上にもなる。がっしりと重い重石が、桶の中の空気を遮断して酸化を防ぎ、長期熟成を可能にする。

　仕上がったたまりは、搾って桶に寝かしてオリを沈ませておき、注文に応じて和紙で漉《こ》して瓶詰めする。

　菌が生きているから、店頭に置きっぱなしにはできない。昔の量り売りのようなものである。桶に寝かしておけば、深く旨くなりこそすれ、味が目減りすることはない。

　寒くなると、近所の農家から原料の大豆持ち込みで、1年分の味噌たまりの仕込みを頼んでくる。毎年自分で仕込みに来る人もいる。

　職人肌の当主の手と目の届く焚味噌屋は、いい仕事をするにはちょうどいい規模なのかもしれない。

取り寄せ情報

発送までに10日ほどかかります。数に限りがあります。丸大豆生味噌1kg1000円、粒味噌1kg1200円。伊藤商店　〒470－2544愛知県知多郡武豊町里中54　☎0569･26･1312　FAX0569･24･8270　営9：00〜17：00　休日、祝日

⬆大粒のフクユタカと自然塩、武豊の名水で仕込んで寝かせた3年もの『傳右衛門』。要冷暗所保存。720mℓ1500円。送料別。

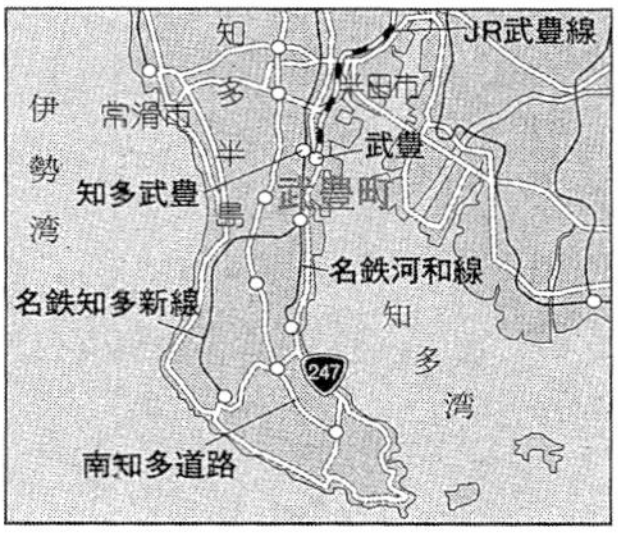

⬅名古屋から名鉄河和線特急で35分、知多武豊駅下車。タクシーで約10分。車は名古屋高速道路から知多半島道路武豊・小鈴ケ谷ICで下りて約15分。

海の塩

◆沖縄県粟国島《あぐにじま》

人間は体内に海を持っているといわれている。海水のミネラル組成は人間の体液とほぼ同じ。黒潮の小島で海水を汲んで作る塩は美味と健康の源。先祖伝来のおいしい遺産である。

潮風が珊瑚礁の海を濃縮して作る
ミネラル分ゆたかな自然の塩

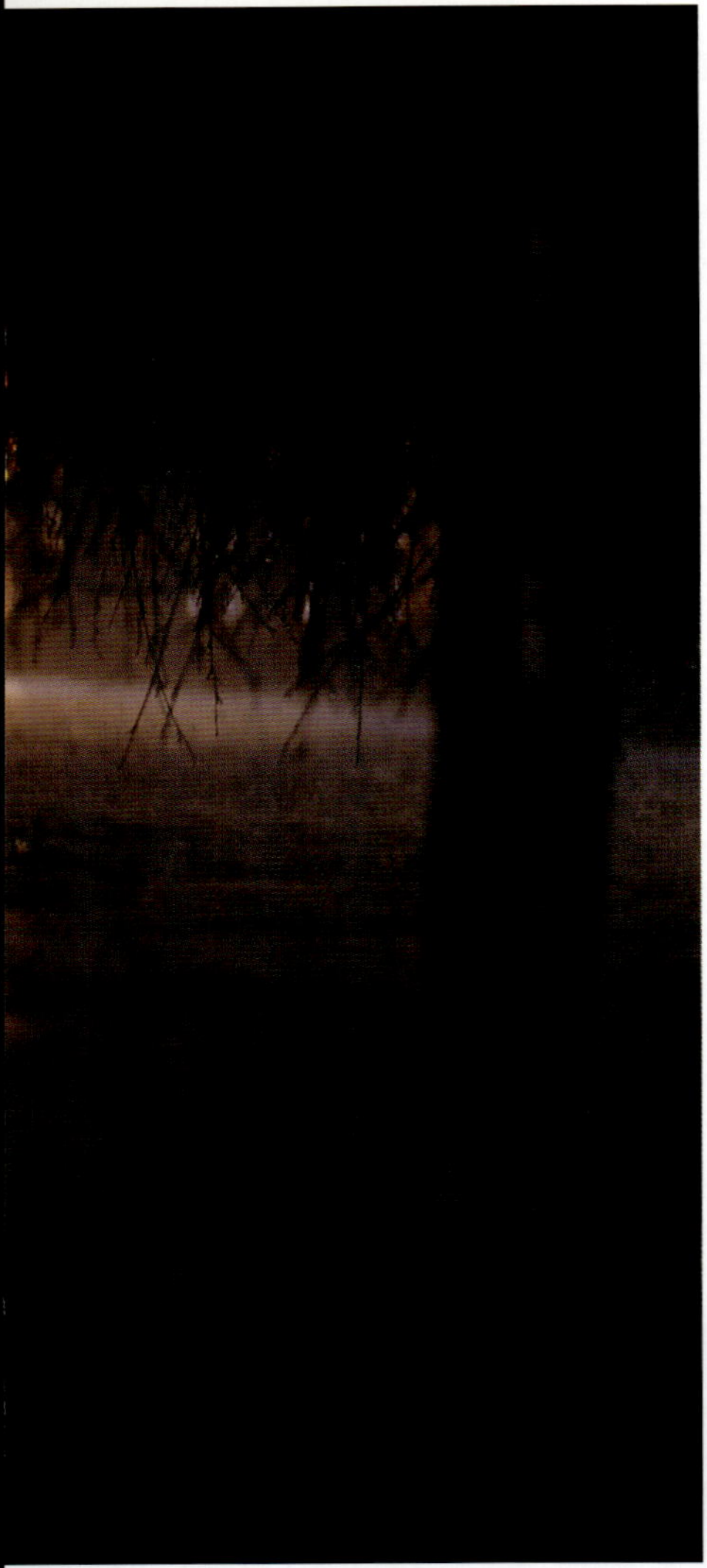

➡タワーの上から吊るした竹に海水を注ぎ、24時間で50〜60回循環させる。7日で約7倍の濃縮の鹹水《かんすい》になる。雨の日はお休みだ。

⬆海水が9.6ｍの高さを竹を伝ってくりかえし滴り落ちる。この間に、風が水分を飛ばして濃縮する。風の通り道の穴あきブロックから夕陽の光芒が射し込んで、夕立のように降る潮水も茜《あかね》に染まる。

旅先で古老の話に聞き入っていると、しばしば長くなる。口を湿らすのにいっぱいどうだいと、晩酌用らしいかどのすりへった塗りの膳をだしてもらったことがある。銚子と猪《ちょ》口《こ》、手塩皿に塩ひとつまみ……。

口が贅沢になり塩をなめなめ酒を呑むなんてこともなくなって、そのときの塩の味を、長いこと忘れていた。それを思い出させてくれたのが、粟国の塩である。

しっとりした塩を舌にのせると、かすかな苦みやら思いがけない甘さやらが、鹹《から》さを包んでふっくらととける。奢《おご》った舌をぴしゃりと黙らせるくらい、おいしいのである。

遠い夏の日のもぎたての露地トマトや、真っ赤に熟した西瓜《すいか》の甘さを引きたてたのもこの塩だった。

日本では古来、塩田で海水を自然濃縮し、煮詰めて塩を得てきた。

縄文時代は海藻に潮水をかけて干して焼いた「藻塩焼《もしおやき》」。中世には海水を砂地にまいて蒸発させて濃い鹹水《かんすい》を作り、塩釜で煮詰める「揚浜式塩田」。その後干満の差を利用して遠浅の浜に潮を引き込む「入浜式塩田」になり、昭和には海水を高所から落として、風で濃縮する「タワー式（流下式）塩田」が主流になる。

ところが昭和47年の「塩業近代化臨時措置法」によって、塩田のすべてが閉鎖になる。このときから食塩は、イオン交換膜法と呼ばれる100%近い高純度の塩化ナトリウムとなる。専売公社は本来塩に含まれる、数十種の微量成分ミネラルを「夾雑《きょうざつ》物《ぶつ》」として除去してしまったのである。同時に塩が本来もつ旨味や滋味も捨てられた。

たしかに塩の主成分は塩化ナトリウムだ。が、塩化ナトリウムは塩そのものではない。

海水を濃縮して作った昔ながらの塩には、ナトリウム、カリウム、マグネシウム、カルシウムなど数十種の微量成分ミネラルがバランスよく含まれている。海水のミネラル組成は、人間の体液とほぼ同じだそうだ。

赤ん坊は生まれる寸前まで、母親の子宮の羊水に浮かんでいる。羊水は海なのである。30億年前の生命がそうだったように、人間は今も海から生まれてくる。

'97年4月1日、専売制が廃止され、生命にやさしい海の塩が戻ってきた。

⬆焦げつかないよう櫂《かい》でかきまぜながら塩を焚く小渡《おど》幸信さん。新たにタワーと釜２基が完成した。

⬆黒潮まっただなかの珊瑚礁の島、粟国の海の美しさに目も心も洗われる。この海の水がゆっくりと時間をかけてうまい塩になる。

⬅タワーで濃縮した鹹水を薪焚《まきだ》きの平釜で15～20時間煮詰める。ひと釜1tの鹹水から約150kgの塩ができる。つききりで１日３ｔの薪を焚く。

⬅塩を釜から槽《ふね》にあげて、４～５日おいて水を切る。篩《ふるい》にかけ、素焼きの鉢に移して、さらに３～４日自然乾燥させる。

7tの海水が風と火で、半月かかって150kgの塩になる

「空から島を見たとき、着陸する前にここだと決めていました」

平成7年、粟国島で小渡《おど》幸信さん念願の塩づくりが始まった。

粟国島は那覇の北西約60kmの東シナ海に浮かぶ、周囲12kmの平たい小島だ。全島人口は880人。これといった観光資源もない過疎の島で、砂糖黍《きび》畑の間の草地に牛や山羊がのんびりと草を食《は》んでいる。

「農業の盛んなところでは、海に農薬が流れ込む恐れがある。将来観光地になるような場所もいけない。この島には高い山がなく、あらゆる方向から、強い潮風が吹き抜ける。そしてなによりも澄みきった海がある」

2年前還暦を迎えた小渡さんが、塩づくりを決心したのは22年前のことだという。腕のいいタイル職人だった30代の頃、体を壊して入所したヨガ道場で、塩の大切さを知る。塩研究の先駆者だった谷克彦氏に出会い、本来の塩を作ろうと、2足の草鞋《わらじ》をはいて沖縄本島で塩研究を続け、57歳で生産に入った。

「空気、水、塩は、生きものが生きていく上でなくてはならないものです。いい塩が欲しい。自分がやらなきゃ誰がやる、と使命感みたいなものがありました」

塩工場は周囲に人家もない島の東海岸にある。試行錯誤の結果、タワー式を採用した。9・6mの高さに穴あきブロックを積み上げたタワーと塩釜1基、ガラス張りの天日乾燥ハウス2棟の小さな塩工場は小渡さんの設計、手作りである。

製塩法はふた通りある。昔ながらに平釜で煮詰めた塩と、もうひとつはハウスで3週間、毎日かきまぜながら自然結晶させる天日塩である。

透き通る海から汲み上げた海水はまずタワーで風によって濃縮される。穴あきブロックの隙間から覗くと、竹箒《たけぼうき》のようなものが隙間なく吊るされ、その小枝の先にびっしりついた雫《しずく》がガラスビーズみたいにきらめきながら、ざあざあと滴り落ちている。これを何百回とくりかえすうちに、強い海風で徐々に水分がとぶ。

好天と風に恵まれれば、濃度3・5%の海水が、ざっと7日間で7倍に濃縮されて濃い鹹水になる。これを薪の火で15~20時間煮詰め、素焼きの竹簀子《すのこ》を敷いた槽に移しておくと、自然に水分がぬけてミネラル分をほどよく含んだ塩になる。

「いかににがり分を残すか。それが苦心のしどころです」

にがりは海水から塩分を除いたミ

ネラルで、豆腐作りにも使う。そのものは、ぴりぴりと苦いものだが、微量でしょっぱさをまろやかに包み味に奥行きをつける。

塩の決め手ともいえるにがり分は、料理人の間で名高いフランス・ゲランド半島の塩で9%前後。粟国の海の塩は15%を超える。

小渡さんの塩づくりは、雨天休業である。自然に逆らわず無理せず、そおっと海の生命力をすくいとる。

取り寄せ情報

⬆にがり分15%の象牙色の塩。にがりは湿気を吸いやすいので密閉容器に入れておくといい。釜焚きと天日塩の2種類がある。

粟国の塩　釜焚き500g1200円、天日250g1000円。送料別。3kg以上または7000円以上は送料無料。沖縄海塩研究所　〒901-3702沖縄県島尻郡粟国村字東8316 ☎098・988・2160 FAX098・988・2178 営7：00〜20：00 休日曜日

⬆那覇空港から琉球コミューターで粟国島まで約30分。フェリーは那覇港から週3便。2時間半。季節によって出航の曜日が違う。

⬆風の通り道の、海岸の吹きさらしに立つ穴開きブロックのタワー。自然の風が海水を7倍に濃縮する。

ウスターソース

◆徳島県板野郡上板《かみいた》町

【採りどき】
みかん・12月
トマト・8月

水もやらず、雑草も取らない。自然力で育ったすこやかな野菜の旨味と活力を濃縮し、厳選の調味料と香辛料を混ぜ合わせて半年寝かせると、本物の和製ウスターソースができあがる。

有機栽培の野菜を
たっぷり使って
煮詰めた
洋食の必需品

⬇近隣の契約農家から届いた完熟トマトは、すぐに水洗いし、ジューサーにかけて、粉砕する。低温で５倍濃縮してピューレにする。

⬇自然農法のトマトは、９月になると蟋蟀《こおろぎ》たちのご馳走になる。「こおろぎまでには収穫します」と話すトマト農家の上田井重利さん。

➡黒砂糖、塩、酢、香辛料それぞれに個性の強い原料を使うので、ウスターソースを6か月間、攪拌《かくはん》しながら寝かせてなじませる。

大釜でことことと4時間、じっくり煮込んだタマネギのスープに、トマトピューレの深紅、濃縮ジュースの鮮やかなミカン色、ニンジンの朱色がとろりと流し込まれる。
　すりつぶしたニンニクの肌色、10数種類の碾《ひ》きたて香辛料の赤褐色、黒砂糖の茶褐色、天然塩。母液に様様な色が重ねられて、色は暗く、味は濃くなっていく。さっきまでオニオンスープだった香りが、ゆっくりと攪拌《かくはん》されて、いつのまにかソースの匂いに変わっている。
　これを半年間、櫂《かい》を入れながら寝かせると、香り高くまろやかな無農薬無添加の超特級ヒカリウスターソースになる。

←大タンクに寝かせてあるウスターソースを、初めの2週間は毎日、以後月に1回櫂を入れて攪拌する。

↑ニンニクとタマネギは、無農薬でも作りやすい。5月下旬に収穫したニンニクは、10月まで陰干ししておき、ピューレにして保存する。

　ウスターソースは1850年頃英国ウスターシャー州の、リーアンドペリン社によって製造販売され、地名からこの名前が付いた。日本へは江戸末期に入ってきたといわれている。
　国産ソースが初めて製造販売されたのは、明治18年。ヤマサ醤油の浜口義兵衛がアメリカ留学で学んでき

たソースを、「新味醤油」として売り出した。が、売れ行きは芳しくなく、間もなく撤退している。

欧米直輸入のスパイシーなソースでは、ただでさえ香辛料に不慣れな明治の日本人の口に合うはずもない。

その後、明治30年代に、日本人の口に合う自家製ソースと輸入ソースを混ぜ合わせたダブルソースなるものが神戸で売り出されている。

色が似ているので西洋醤油と呼ばれ、ハイカラ族も醤油の使い勝手で、フライやカツレツにじゃぶじゃぶとかけて食べたものだそうな。

香味野菜の濃縮エキスに、甘味、酸味、香辛料を加えて作るソースは配合の匙《さじ》加減《かげん》でいかようにも、アレンジがきく。甘くて口当たりよく、隠し味程度に香辛料が効いた、お馴染みのソースは、醤油文化的発想から生まれた和製調味料なのである。

和製ソースができて、ほどなく100年。〝超特級〟ができてもおかしくはない。

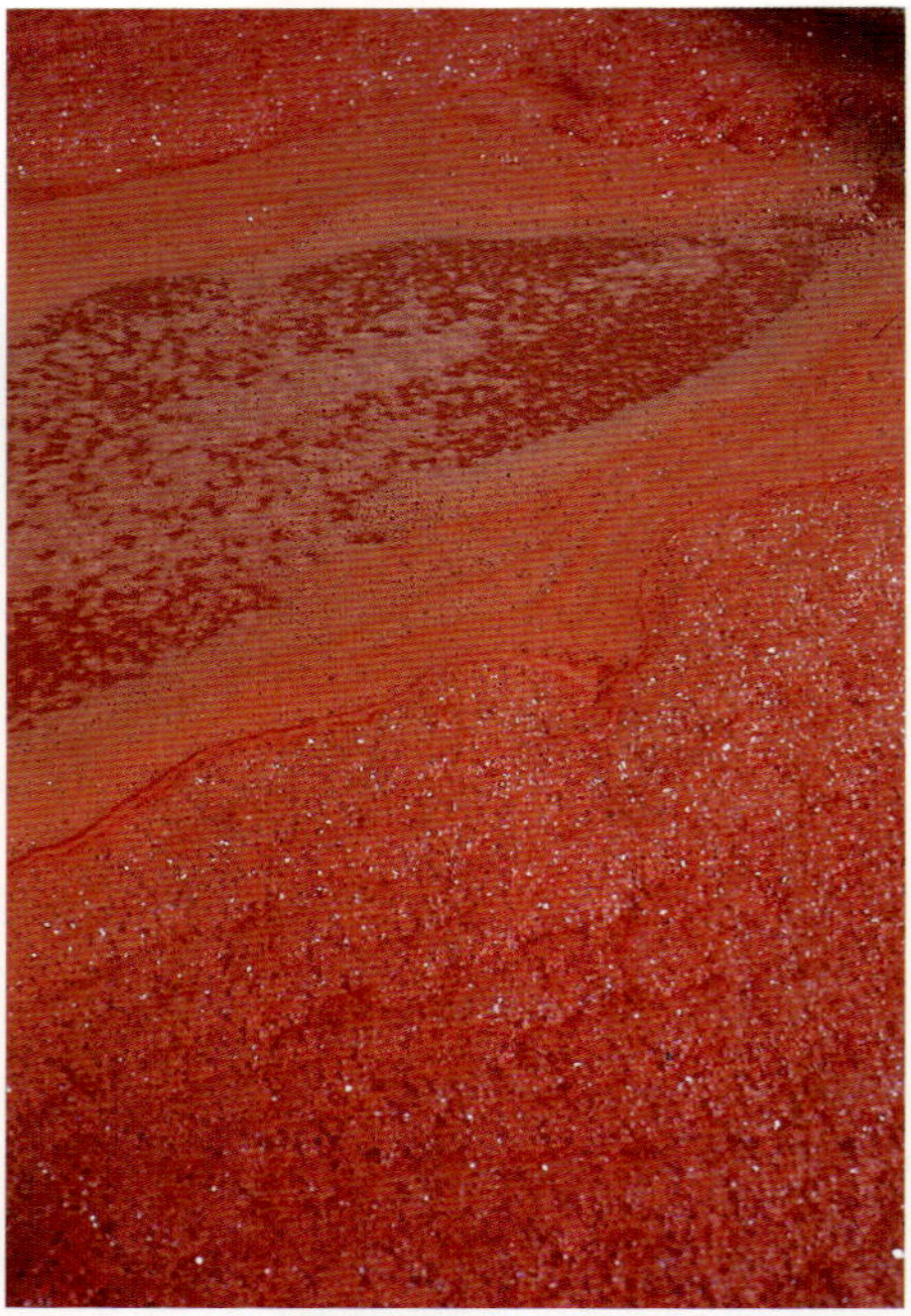

⬅粉砕して、濾過《ろか》したトマトジュースは紅色。色、香りをそこなわないよう低温濃縮すると、深紅のピューレになる。

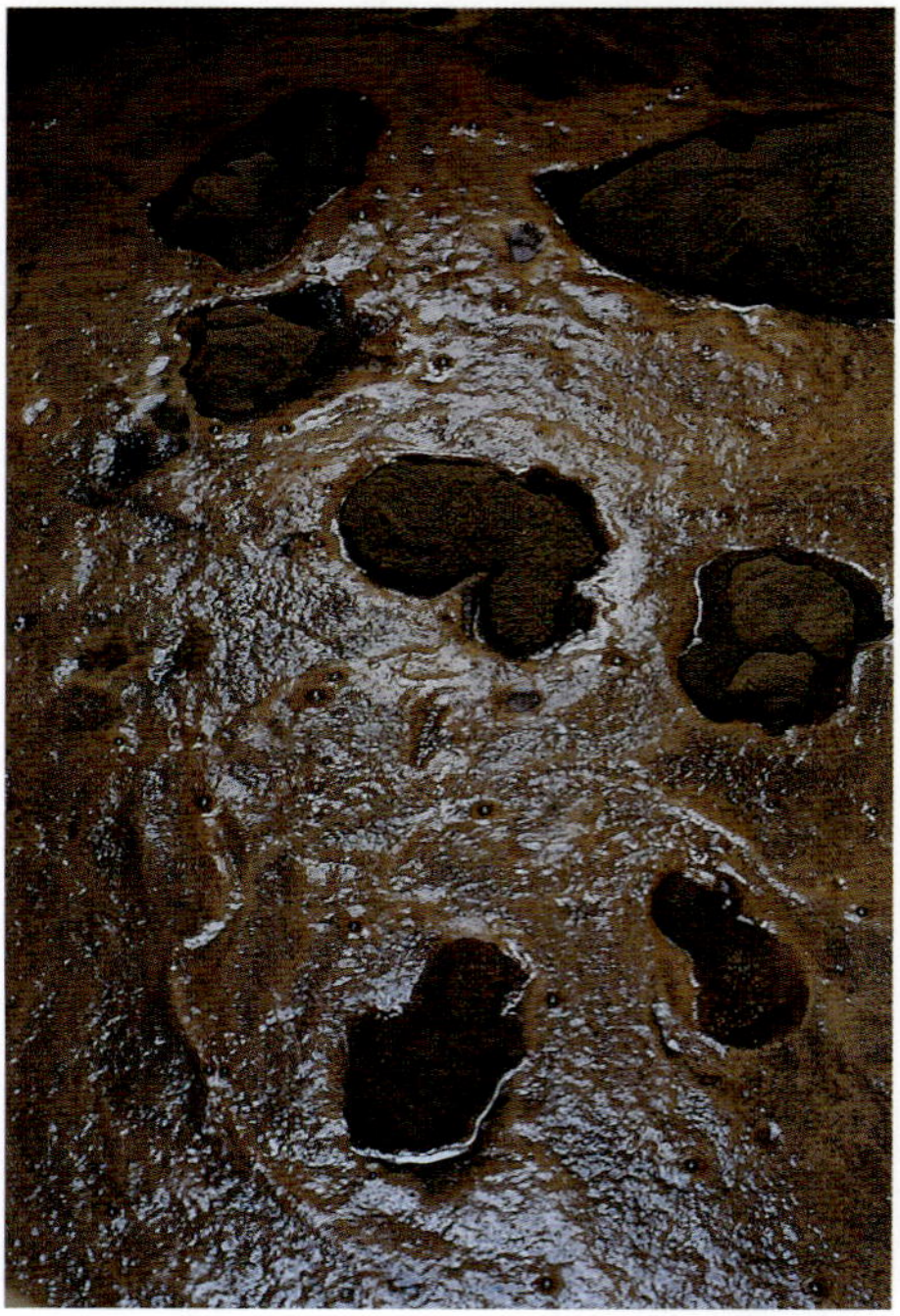

➡10数種類の香辛料を碾いて、唐辛子のエキスと混ぜ合わせる。覗き込むと目がシカシカするほど刺激的なスパイス。

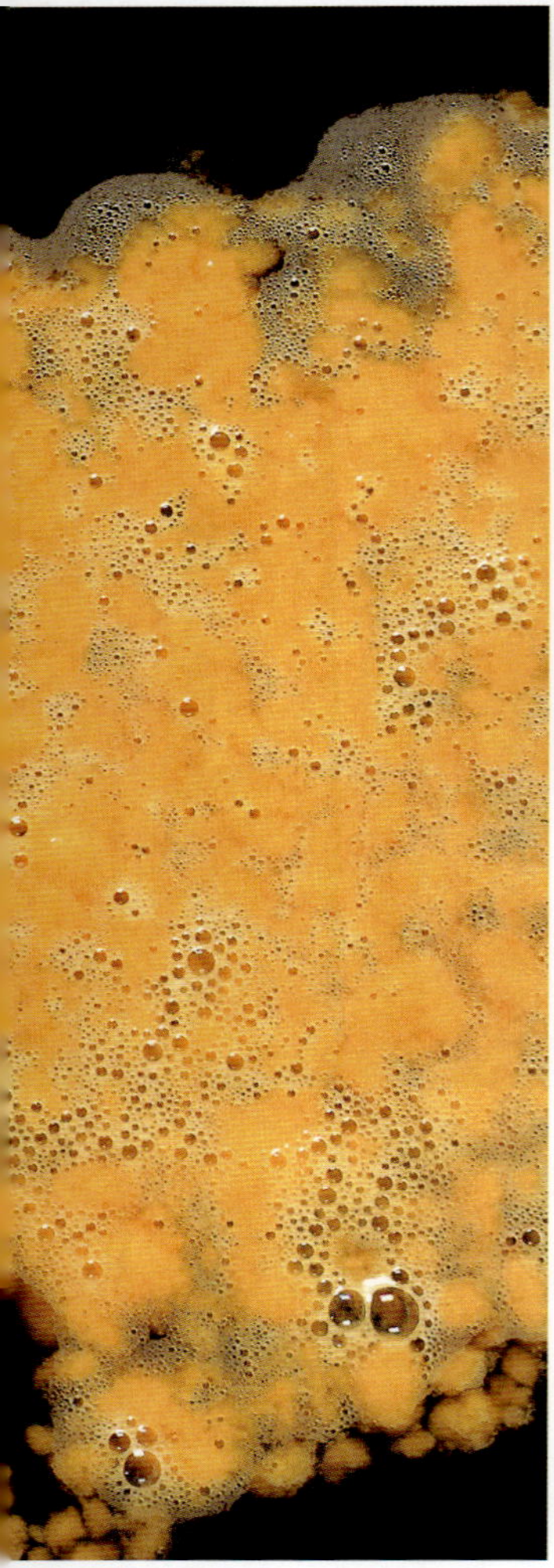

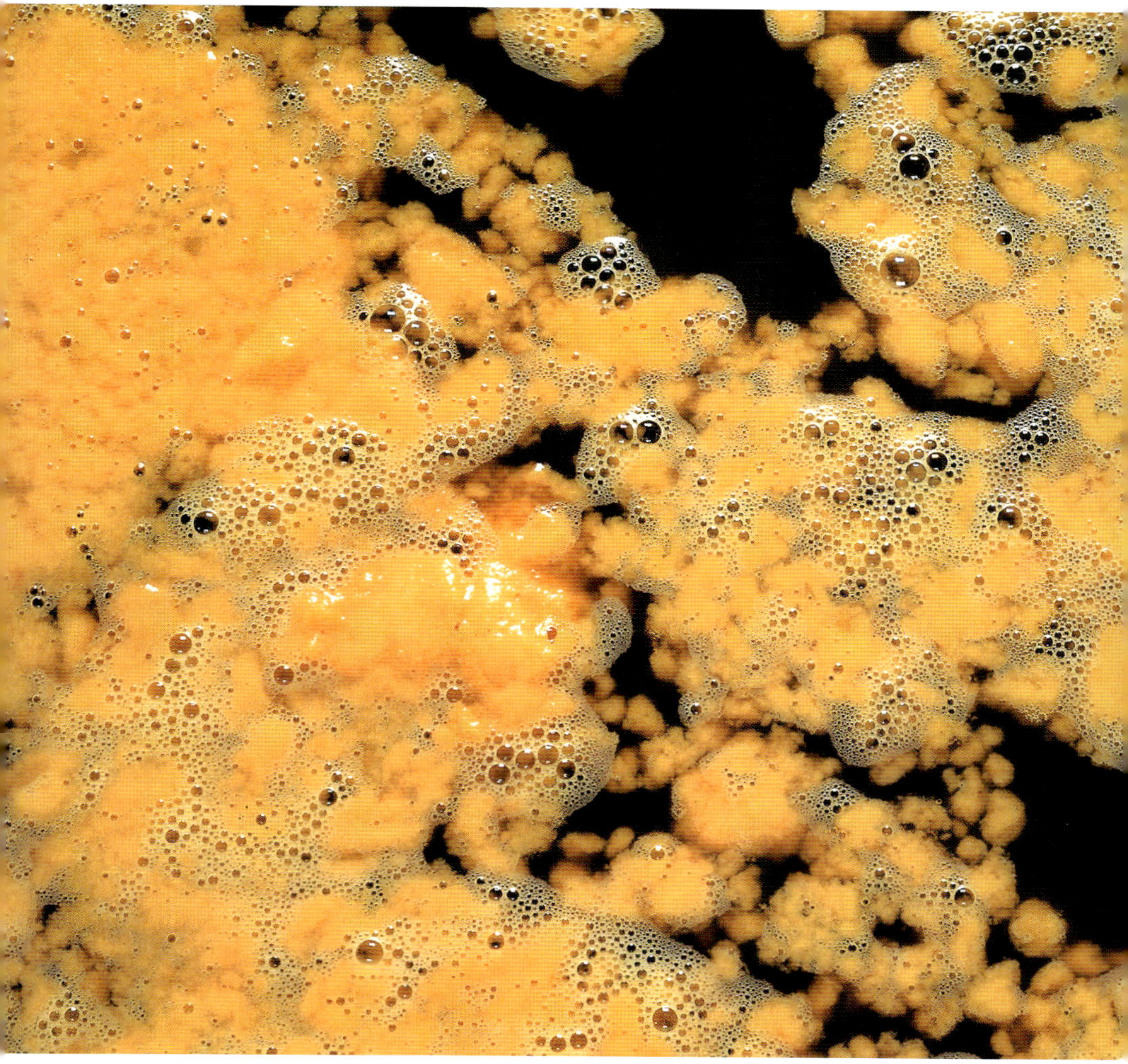

⬆タマネギをじっくり煮詰めて絞ったソースの母液に、徳島名産のミカンのピューレを入れると、ゆっくりと浮かび上がって黄色い花が咲いた。

超特級たるゆえんは、一徹と、健やかな野菜と厳選された原料

「昭和39年オリンピックの年に、走る超特急の名前が、私のソースと同じ『ひかり』でした。それなら私は超特級のソースを作ろうと」

徳島の島田利雄さんは、当時どこにもなかった無添加ソースを作って超特級ヒカリソースと名付けた。

「戦後しばらくは、お腹が膨れればいいという時代で、酢、砂糖、塩、香辛料など、すべて代用品でした」

砂糖はサッカリンやズルチン、チクロ。酢酸《さくさん》に味付けした合成酢。

「着色料、香料、甘味、酸味、何もかも添加物で作っていたんです」

添加物の安全性が問われはじめた頃でもあった。

「このままでは何のために職人をしているのかわからない。安全ないいものを作らなければ」

とやむにやまれぬ気持ちだった。

チクロやサッカリンなら数円ですむものが、砂糖だと60円。合成酢を5倍もする醸造酢に切り替え、香辛料は粒で買い、碾いて使った。

「着色料のカラメルをやめたら色が薄くなります。そしたら味が薄くなったと苦情がきました」

カラメルを抜いた分、原料を濃くし、砂糖は色のある黒糖に替えた。高いソースになったけれど自然食品の店が買ってくれたという。

10年後には、主原料の野菜も、すべて有機栽培に切り替えた。

今でこそ評価を得ている有機栽培の野菜だが、20年前には無農薬で野菜を作る農家はないに等しかった。

自然農法の指導をしていた戦友に偶然会ったことも幸いした。教えを請う一方で、農家の説得に歩いた。

ミカン農家の森野さんは、15年ほど前、生産過剰で果樹園縮小の指導がきたのを機に、木を切らずにすむならと、なるべく手を加えないで育てる自然農法に切り替えた。

「消毒をやめてしばらくは、木が枯れたようになってびっくりしたですよ。虫はつくし果実の肌はがさがさで、ほとんどあきらめとった」

収穫は3分の1に減るし、虫食いだらけで見てくれも悪い。けれど、味は濃く、甘みも普通以上だった。5〜6年もすると、葉が小さく分厚くなり、ほとんど虫も寄せ付けない丈夫な木になった。これで自信もったと振り返る。

「皮についた虫をひとつひとつ取って、虫食いの皮をむいて、使いました」

受け取る島田さんも、手間を惜しまなかった。

トマト畑にいくと、あるがままに育ったトマトが、のびたい放題茎をのばし、地面にごろごろと艶《つや》やかな赤い実をつけている。支柱もたてず、もちろん消毒もしない。肥料は藁、枯葉、落葉などを積んで熟させた堆

➡ローリエ、ナツメグ、ニッキ、丁《チョウ》字《ジ》、メチン、パプリカ、コショウなど、南方系の香辛料は使う前に碾いて、母液に混ぜる。機器で測れない辛さの物差しは島田さんの舌。

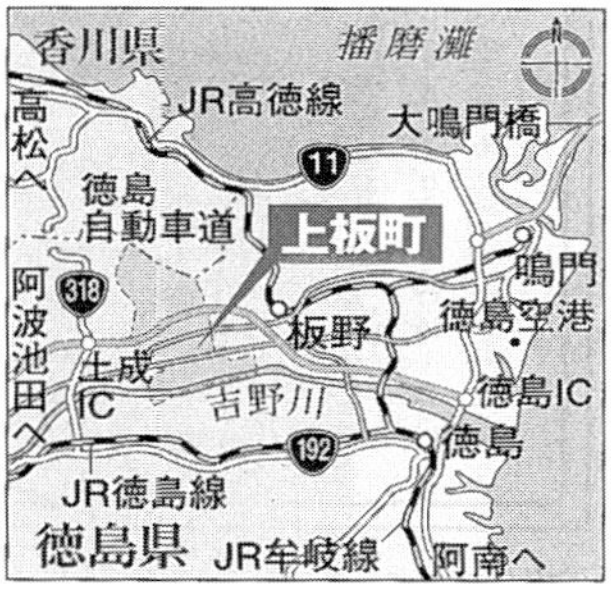

⬅徳島駅からＪＲ高徳線で板野駅下車、駅からタクシーで約15分。バス利用では徳島駅から西《にし》麻《お》植《え》行きで高瀬橋下車、徒歩約5分。徳島空港から車で40分。

肥や、豆カス、牛フンなど有機肥料。ひとつもいで食べてみると、昔のトマトの味がする。皮がしゃりしゃりとかたく、肉厚の実は青臭く、甘く文句なく旨い。

旨い野菜の濃縮エキスを相性よく合わせて作るソースが、まずかろうはずがない。そのうえ望みもしない添加物を、食べなくて済むのだからありがたい。

昔は当たり前だった自然の農法に戻る生産者の勇気と、「心に恥じない」ソースに打ち込んだ職人気質が作り上げた得難い本物である。

取り寄せ情報

⬆オーガニックりんご酢使用のオーガニックウスターソースと中濃、濃厚。賞味期限はウスター２年。中濃、濃厚は１年。開封後は早めに。

ヒカリソース各種360㎖350円。オーガニック各種250㎖360円。送料別。注文は６本以上まとめて。代金引換、宅配便で送ります。光食品 〒771-1347 徳島県板野郡上板町高瀬字宮ノ本127-3 ☎088･637･6123 FAX088･637･6166 営8：40～17：30 休第２土、日、祝日

※自然食品店や大都市の百貨店では取り扱っている所もあります。

純米酢

◆京都府宮津市

【仕込みどき】1月から3月
【食べどき】1年半後から

寒い時期に仕込んだ純米酒に、伝家の酢酸菌《さくさんきん》をつけて自然の発酵を待つと米酢ができる。農薬を使わず栽培される米と、本来の手法で醸されるまろやかな酢は、食卓の良薬である。

すこやかな米と清らかな水が
昔ながらのまっとうな酢を生む

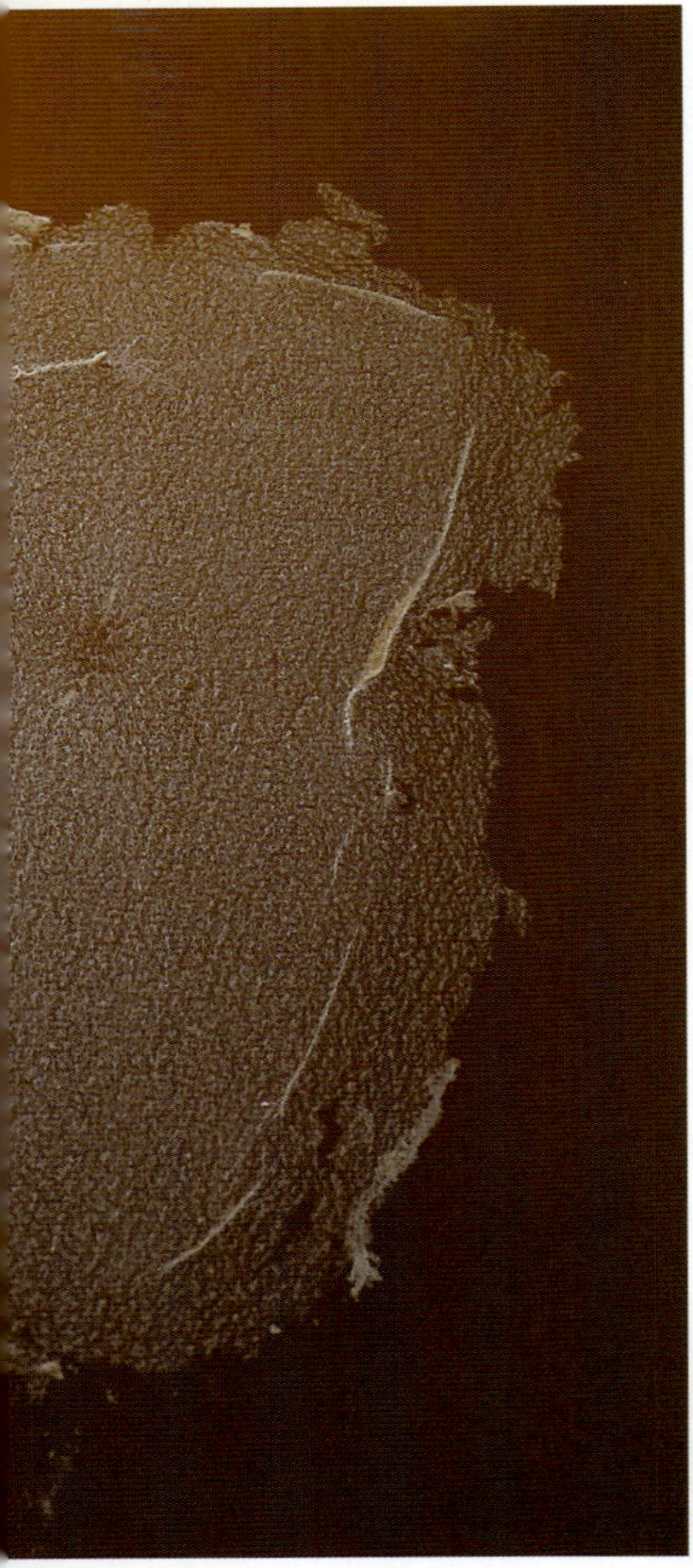

➡農薬を一切使わず、手で雑草を抜き、米酢で病気予防をする。純米酢の原料になる健やかなコシヒカリは、農家の丹精のたまもの。

⬆これが伝家の酢酸膜。仕上がった酢の３分の２を熟成タンクに移し、残りを「種酢」として酒と水と仕込む。酢酸菌膜を浮かべると、ほどなく酢酸発酵が始まる。

酢は体にいいから、というのが祖母の口癖だった。

体が軟らかくなると信じて、鼻をつまんで飲んだこともある。そのかいがあったかどうか忘れたが、刺激臭にむせて咳《せ》き込むわ、まずいわでひどい目にあった。

戦後生まれの哀しさで、長いこと酢の本当の味を知らなかった。

戦後の酢は史上最悪だったらしい。氷酢酸を水で薄めて、様々な添加物で味と色をつけただけの合成酢。これが、使い手の声が上がるまで、20年以上もまかり通っていた。今も業務用には生き残っている。

昔から酢の効力はよく知られていた。大腸菌、チフス菌など恐い菌も10分で死滅させる強い殺菌力で、有害菌を片っ端から退治してくれる。おかげで、〝生き腐れ〟といわれる鯖《さば》のすしも安心して食べられる。

そのうえ血液の流れをよくして、動脈硬化や高血圧の予防に力を発揮することもわかってきた。

食卓の良薬だからこそ、心して本物の酢を選びたい。

酢は酒と共に、人間が最初に造りだした調味料だといわれている。

条件にかなえば、酒は自然に酢になる。ワインの国にはワインビネガーがあり、ビールの国には麦芽ビネガーがある。清酒の国は米酢である。

平安時代の宮中儀礼規定を記した『延喜式』（９２７年）にある造酒司《みきのつかさ》の造酢法によると、当時も米と麹《こうじ》で造る米酢が主流だったことがわかる。

本来、米酢は米の酒から造る。

寒に甘い酒を造り、これに酢酸菌をつけて発酵熟成させる。微生物のすることだから、黄金色のまろやかな米酢になるまでに1年以上かかる。

マーケットに「米酢」が並ぶようになったが、ほとんどが本来の米酢とは別物だ。

日本農林規格（ＪＡＳ）では、酢１ℓに40ｇ以上の米を使っていれば、「米酢」と表示できる。だが米だけで１ℓの酢を造るには、最低１２０ｇの米が必要だという。

米を原料に造った酢が3分の1だけ入っていれば、醸造用アルコールの酢も「米酢」に化けるのである。

しかもその「米酢」の多くは、たった数日間で量産する連醸の高酸度酢。

絶滅寸前だった、昔ながらの米酢の味を知ったときは、目から鱗《うろこ》が落ちた。丹後、宮津の飯尾醸造の純米酢である。

「うちでは１ℓの酢を造るのに、２００ｇの米を使います」

それも農薬を使わずに栽培したコシヒカリの新米で、純米酒を造ってから、酢にしている。

「明治28年創業当時、初代が日本一の酢を造りたいと、『富士』と名づけました」

⬆老夫婦が刈り取った稲を背負って畦道《あぜみち》を上がってくる。隣が農薬を使うのでは意味がない。ここより上には田もない山里で無農薬米を作る。

⬅はざにかけて天日で自然乾燥する人もいる。宮津の屋根といわれる上世屋《かみせや》集落で、村ぐるみ無農薬で作る米が純米酢の原料。

⬆ひと晩「製麹箱」で寝かせてできた米麹を出し、麻布の上に広げる。冷めやすいよう、うね状にして常温まで冷ます。

⬇酢の材料になる純米酒を仕込む。蒸米、麹、水を３回に分けて加え、攪拌《かくはん》して空気を送り、アルコール発酵を促す。

⬅蒸した酒米（酒造りの基になる米麹を作るための米。ここでは『五百万石』を使用）に種麹を振り、手で揉んで均等にまぶす。

丹精込めて造った純米酒が、1年かかってまろやかな酢になる

　飯尾醸造の飯尾輝之助さんが、無農薬の米でなければ、と痛切に思ったのは、昭和39年のことだった。

「毒薬を田んぼへ撒いて、赤い旗を立てて、1週間は田んぼへ入れない時代でした。田螺《たにし》もどじょうも皆死んでしまった。そんな田の米を食べたら、人間生きていけんのではないか。こんなもので米酢を造っても、申し訳なくて売れん。毒薬を入れんと米を作ってもらえんか」

　という頼みに、知り合いの5軒の農家が応えてくれた。「偏屈もん」と嗤《わら》われたが、劇薬を撒かれては酢が造れなくなると必死だった。

　無農薬米の栽培は始まったものの、安物合成酢時代で、米酢を出荷できたのは昭和45年になってからだった。

　今は集落全戸が農薬を使わずに米を作る。そんな里が何か所かできた。はるか眼下に、銀色に光る宮津の海が見える。海抜４００ｍ、宮津の屋根とも呼ばれる上世屋《かみせや》地区の谷は、見渡すかぎりの黄金色だ。

　ゆるやかな曲線を描く畦《あぜ》に区切られて、段々に重なる田という田に、稲穂が頭《こうべ》を垂れて揺れている。

　健やかな稲の豊穣の風景である。山間《やまあい》の寒冷な水で育ったコシヒカリの新米は、一粒一粒が象牙色に透き通っている。これほど旨い米に、めったに巡りあわない。

　1月から3月なかばまで、酒の寒仕込みに杜氏《とうじ》がやって来る。

　仕込んで2日目には発酵が始まり、じゃぱじゃぱと音を立てる。麹菌が米を餌に糖分やアミノ酸を生み出し、酵母が糖を食ってアルコールに変える。目に見えない大群の営みの音だ。

　騒ぎが静まる8日目には、飲みごろのどぶろくとなり、約20日後に甘い雑味の多い酒になる。飲んでおいしい酒ではないが、この雑味が酢には大切で、味に深みが加わる。

　約1か月かかって純米酒ができると、酢醸造蔵へ運んで仕込みにかかる。酒、水、種酢、各同量をタンクに仕込み、表面に酢酸菌の膜をそっと浮かべてやる。

「酢の発酵には温度が足らんといかん。風呂の湯くらいが適温です。昔は*熱い湯を担いで、1日に1斗桶600杯は運んだ。何杯入れたか忘れんように、数え歌を歌《うと》たもんです」

　80歳を過ぎたという輝之助さんは、かくしゃくたるものだ。

　酢酸発酵が始まると、巨大なタンクの中で、ゆっくりと対流する。

　冬は約90日、夏は約１４０日。酢酸菌が酒を食い尽くすと酢になる。さらに8か月から1年間、朝夕攪拌しながら熟成させる。

　人間の都合にではなく、微生物の営みに合わせた静置発酵法で、様々な有機酸や旨味成分の天然アミノ酸が、ずば抜けて多い純米酢になる。

＊現在はタンクにヒーターが付いているため、湯を使う必要がなくなった。

息子の毅さんが4代目を継いだとき、輝之助さんはこう申し送った。

「米酢はうちの生命。偏屈といわれてもこれで通してきた。おまえも押し通さんならん」

代々の偏屈に声援を送りたい。

⬆静置発酵法でじっくり酢酸発酵させる。表面は発酵の熱で40℃にもなる。冬はタンクの底との温度差が大きく、よく対流攪拌されて、夏よりも早く酢になる。

取り寄せ情報

『自然米酢　富士』900mℓ840円、玄米酢は900mℓ2300円、ともに送料別。㈱飯尾醸造　〒626－0052 京都府宮津市小田宿野373　☎0772・25・0015　FAX0772・25・1414 営8：00～17：00　休土、日、祝日

⬆微生物のサイクルに合わせて醸造した、まろやかな純米酢は、おいしい良薬。開栓後、密閉容器なら1年間は大丈夫。

⬅宮津まで、京都から特急で1時間40分、新大阪発の特急で2時間10分。宮津駅から小田宿野行きバスで15分。

壺酢

◆鹿児島県始良《あいら》郡福山町

【仕込みどき】春と秋
【食べどき】1年半後から

4月の声とともに始まる春仕込み 古壺の中で発酵熟成する琥珀の液体

古壺に米と麹《こうじ》、水を入れて、ひだまりに半年も置くと、おのずと酢になる。何も足さない。太陽光と、壺、土、空気中に棲む微生物が、機嫌よく働いて造る自然醸造の米酢は、歳を経るごとに熟して奥行を深めまろみを増す。

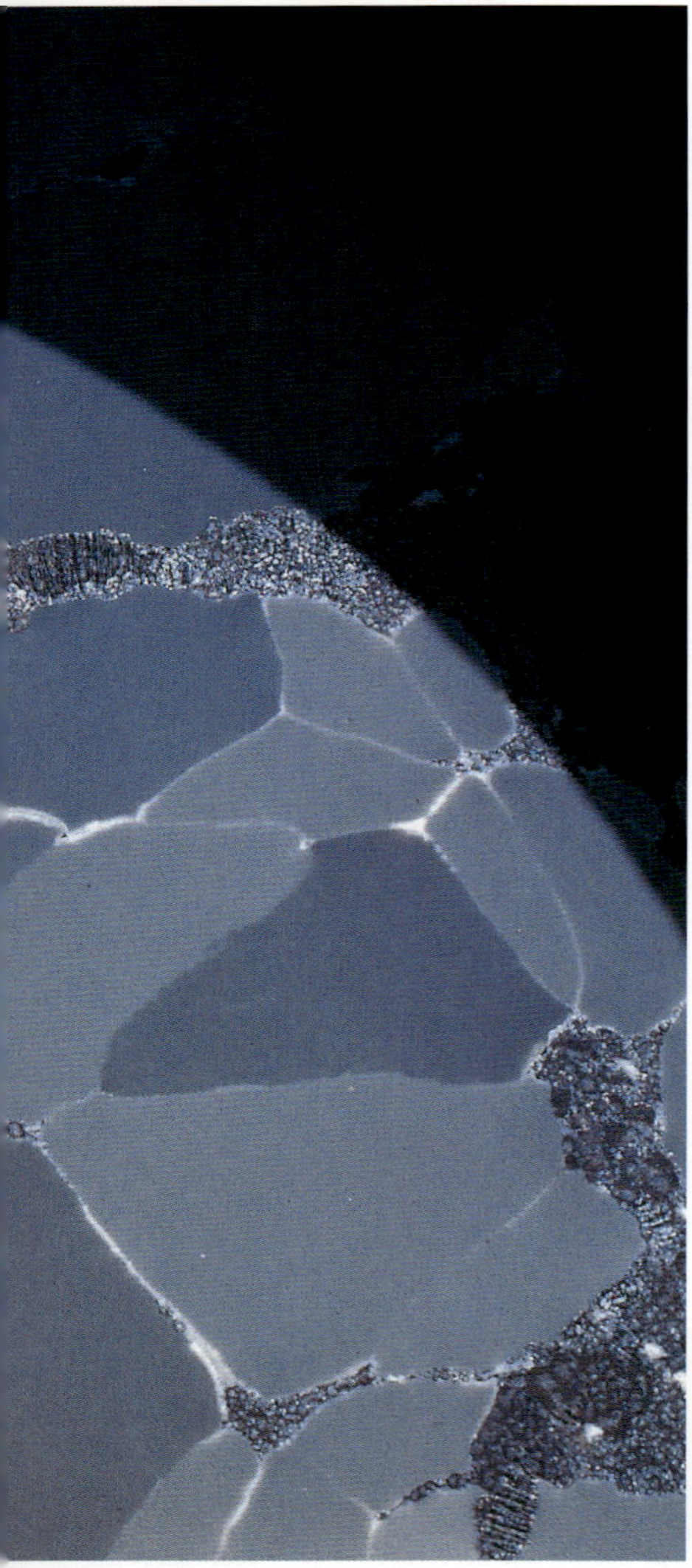

➡手首をまわして液面全体に蓋をするように麹を散らす振り麹は、壺酢の味の決め手。空気中の雑菌の侵入を防ぐ役目をする。

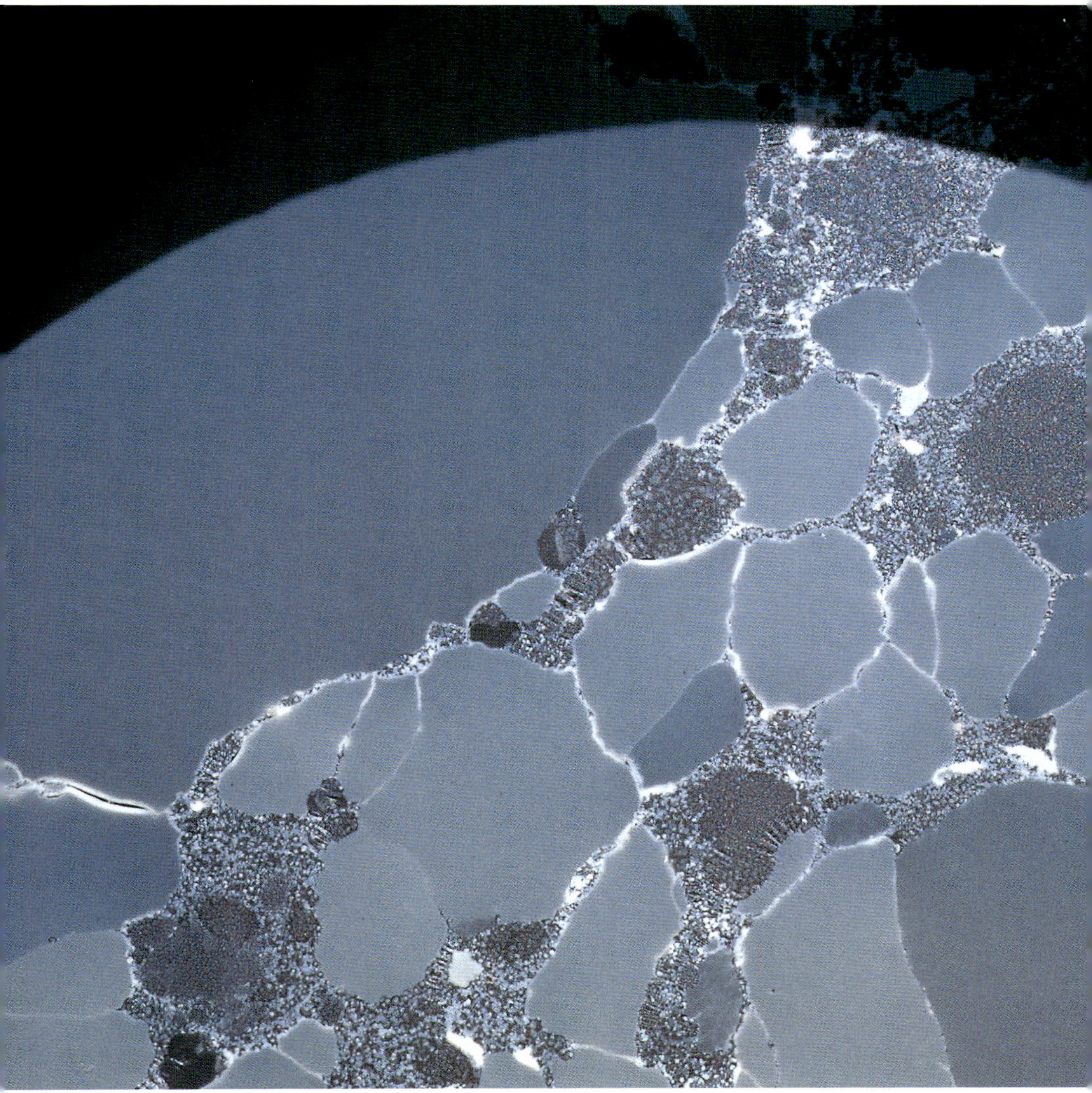

⬆仕込んで約４か月後、酢酸菌の白い膜が液面を覆って美しい模様を描く。この膜が沈むと酢酸発酵が終わる。液を壺口まで満たし、３～６か月熟成させて上澄みをとる。

見かけはまるでコーヒーだ。光にかざしてやっと透き通った琥珀色《こはくいろ》とわかる。黒酢と呼ばれる壺酢《つぼす》は色も風味も濃く、独特の香りがある。薄めたくなるほどこくのある酸っぱさだけれど、まろやかで甘味があり、あと味はさっぱりとして涼しい。

酢は醋とも書く。昔酒だったと書くように、米からいったん酒を造り、さらに酢酸菌《さくさんきん》を加えて発酵させて酢を造る。普通は使う菌も発酵温度も、人がコントロールしている。

壺酢というと、そのすべてを陽だまりに置いたひとつ壺の中で、自然まかせでやってしまう。古壺そのものが酢工場なのである。

壺酢造りは、およそ200年前、福山の商人竹之下松兵衛が、薩摩半島の西岸の日置《ひおき》地方で造られていたのを見覚えて帰り、始めたといわれている。当時福山には米酢はなく、ダイダイ酢を使っていたそうだ。

錦江湾の最奥に位置する福山は、三方を丘陵に囲まれ、前は入江。年間平均気温18・7℃。冬もめったに霜の降りない温暖の地だ。酢造りには欠かせない水も、薩摩藩時代から藩随一と折紙つき。酢造りの必須条件が整っていた。

醸造酢造りが中国から、日本へ伝わったのは、4~5世紀の頃とされている。大和朝廷の時代には、酢は塩や酒、ひしおとともに、調味料の主役として使われていた。大和朝廷は造酒司《みきのつかさ》をおき、酒や酢の類を醸造させている。平安時代の宮中の儀礼規定についてかかれた『延喜式』(927年)によると、当時も米とよねのもやし(米麹)で米酢を造っている。

「酢は体にいい」と昔からいわれているように、調味料ばかりでなく薬としても使われてきた。

「昔は感冒が流行ると、アマン(壺酢)がよう売れた」と古老はいう。

壺酢を食べると、血液がさらさらと流れ循環がよくなる。2割方血流が速くなることが、実証されている。血圧を下げ、血糖値も下げ、悪玉コレステロールを減らし、おまけに中性脂肪を分解してくれる。お腹のでっぱりが気になるお年頃には、鬼に金棒の、心強い味方である。

もちろん、酢と名が付けばなんでもいいというわけにはいかない。添加物で味を付けた合成酢の類など、もってのほかである。

壺酢に含まれる旨味の成分アミノ酸は、普通の酢の約4~6倍。乳酸、りんご酸など酢酸以外の酸も含まれ、酸っぱさも複雑だ。

米と麹と水を入れておくと、酢にしてしまう摩訶不思議な壺が、薄煙

たなびく桜島を見晴らす壺畑に、何万とうずくまっている。

黒褐色の変哲もない古壺には、長年培われてきた種も仕掛けもある。

種は壺に棲みついている微生物。仕掛けは、惜しみなく手をかける環境作りである。最終的には自然の手に委ねられる壺酢は、普通の酢とは一線を画す野太い逸品に仕上がる。

➡海岸まで山が迫る福山のわずかな平地に、整然と並ぶ暗褐色のアマン壺。黒い壺は太陽熱を吸収しやすく、保温性も高い。

⬆舞い上がる薄緑色の麴の花かんざしに、髪が若葉色に染まる。蒸米に種麴を付け、室《むろ》で3日間育てた混ぜ麴を、米と一緒に仕込む。

⬆桜島をのぞむ、絶景の地にある壺畑。福山町全体で年間約５万個の壺が仕込まれる。太陽光がたっぷりと必要なので、朝日も夕陽も当たるよう、壺は南北に並んでいる。

⬅よく乾燥させた老麹《ひねこうじ》をひとつかみ振り入れ、液面をまんべんなく覆う振り麹で仕込み完了。

⬅1か月後。壺の中からぷちぷちとアルコール発酵する音が聞こえ、甘い酒の香が漂う。

⬅3か月後。酢酸発酵が進んで振り麹が沈み始める。酢の匂いになっている。

細かいひび割れや穴に、微生物がたくさん棲んでいる
古い壺ほど、いい酢ができる

「生きものですから、毎日みてやらないと。できのいいのも、悪いのもあります。手当ては早い方がいい」

ものをいわないから、察するしかない。壺酢造り最長老の竹之下益雄さんは、現役時代、毎日壺を覗き、できのよくない壺の蓋の上に、目印の小石を載せてまわったという。

壺に耳をあてて、ぴちぴちという発酵の音を聞き、中をうかがう。顔色と透明感をみる。舐《な》めて味を知り、匂いの微妙な変化も嗅ぎわける。

「壺の中にはいい菌も、悪い菌もいます。それが格闘して、いい菌が勝ち残っていい酢を造るんです」

悪い菌に負けそうになっているのには、即座に、たっぷりいい酢を足して応援してやらなければならない。

壺の蓋を取って、覗き込んでみた。甘い匂い、くらくらする酒の香、つんとくる酸っぱさ。のったりと流れるもの、分厚い白い膜におおわれたもの、ぽっかりと丸い空を映すもの。発酵の進み具合によって、その匂いも液面の表情も、ひとつとして同じものはない。素人目には、酢酸膜も奇妙な模様にしか見えないが、熟練の目には、菌の戦況が読めるのだろう。

仕込みは適温が保てる春と秋の2回。壺に蒸米と米麹、湧き水を仕込むと、まず麹菌が働いて米のでんぷん質を糖に分解する。次に甘党の酵母が糖をアルコールにかえる。そこへ酒飲みの酢酸菌が登場し、アルコールを食い尽くして酢になる。

アマン壺と呼ばれる壺の大きさは生産量が増えた今も、昔ながらの3斗入り。壺はこれ以上大きくても、小さすぎてもいけない。器を大きくせず、壺の数を増やしたのにはわけがある。

液の量が多いと発酵に温度が足りず、少ないと高温になりすぎる。先人が残してくれた壺は、見事に自然の理にかなった大きさなのだ。

壺中のいい菌たちには、機嫌よく働いてもらわなくてはならない。熟成が始まると、何万個という壺の蓋を開け、そっと竹の棒でかきまぜて酢酸菌に空気を送ってやる。

いっさい無添加の壺酢に、たったひとつ添加物があるとしたら、それは作る人の丹精である。

空と海はまだ薄明かり、夕闇の降りてきた壺畑に、降り積もった時をのせて蹲《うずくま》る壺が、おびただしい数の石仏にも見える。動くものひとつない静止した風景の中で、天文学的な数のミクロの生命がうごめき、酢造りをしているのかと思うと、1000年以上も前からおいしいものを作り続けてくれた、甘党や左党のかび菌たちに、手を合わせたくなる。

➡壺酢独特の琥珀色。熟成期間が長いほど、色も味も深くなり、酸味がまろやかになる。

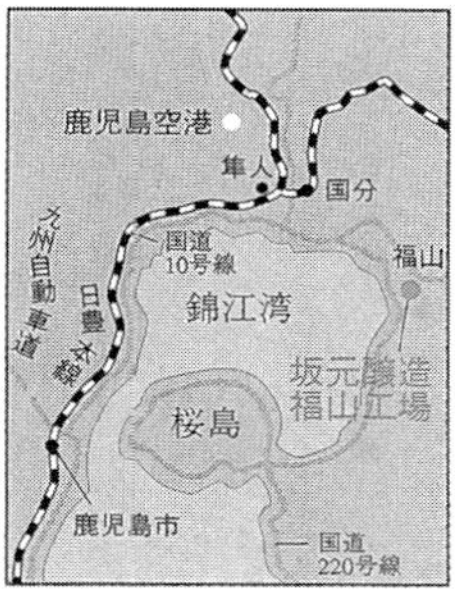

⬆鹿児島市から福山町まで車で約60分。鹿児島空港から車で約40分。国道220号線を錦江湾にそって南下。国道沿いの看板が目印。ＪＲ日豊本線特急「にちりん」で鹿児島から約30分国分駅下車。車で約20分。

取り寄せ情報

壺造り天然米酢、くろず。1年もの1ℓ2400円、2年もの700㎖2800円、3年もの720㎖4800円（送料別）。1本からでも発送します。くろず5本以上または1万円以上まとまれば、送料無料。坂元醸造㈱福山工場 〒899－4501鹿児島県姶良郡福山町福山。商品に関する問い合わせは本社まで ☎0120・20・7717 営8：30～18：00 休土、日、祝日

⬅匂いは強いが旨味成分が多く、素材を生かす薄味料理にも合う。さよりの南蛮漬け、さつますもじ、鰯や野菜の入った福山独特の酢味の汁物、あまんおっけ。

➡壺造り天然米酢、くろず。蜂蜜に約倍量のくろずを入れてよく混ぜ、盃1杯をコップ1杯の水でうすめて飲んでもいい。料理用ばかりでなく、健康のために愛飲する人も多い。

りんご酢

◆福島県須賀川市《すかがわ》

【仕込みどき】10月初旬から
【食べどき】2年目の春から

秋に仕込んだアップル・ワインを70日間かけてじっくり酢にし、1年寝かせて円熟させる。まろやかなりんご酢に蜂蜜を加えて、アメリカ流長寿法バーモント・ドリンクをお試しあれ。

完熟のもぎたてりんごで醸《かも》した酒から生じる芳醇な酸っぱさ

⬇酢の原料になるのは、木で完熟したりんごだけ。味のピークはわずか1週間。減農薬栽培のりんご収穫に追われる有我さん夫妻。

⬅りんごを仕込んでワイン酵母を加えると、ほどなくアルコール発酵が始まる。約半月でりんごが沈んで6度強のアップル・ワインになる。

草臥《くたび》れた顔を見かねたのだろう、酢を毎日お飲みなさいとすすめられたことがある。

酢になる前なら喜んでいただくが、酢は料理で楽しむのが筋というもの、飲みものじゃない。

ところが、このりんご酢にはあっさりシャッポをぬいでしまった。

同量の蜂蜜と混ぜて、好みの水で割り、氷を浮かべるとさわやかな飲みものになる。からだがよろこぶのか、結構いける。

このりんご酢と蜂蜜の取り合わせは、アメリカ東部最北にあるアメリカの長寿州バーモント伝統の流儀だそうだ。

慢性疲労、高血圧、心臓障害の原因となるカリウム不足をりんご酢と蜂蜜の豊富なミネラルが補い、からだを健やかに保つのだという。

D・C・ジャービズという無名の町医者が書いた『バーモントの民間療法』という本が、記録的ロングセラーになったことで、片田舎のバーモント・ドリンクは、一躍押しも押されもせぬ長寿の飲みものとして知られるようになる。日本にも30年前に紹介されている。

「いいりんごがあるのだから造ったらと研究者にすすめられて、27年前にりんご酢を試作しました。5年かかって出荷にこぎつけたものの、売れるまでに3年かかりました」

福島県の阿武隈《あぶくま》川のほとりの須賀《すか》川《がわ》市で酢屋を営む太田実さんは、地元産のりんごでワインを醸し、得難い本物を造っている。

「食酢の日本農林規格」によると食酢1ℓ中に、果汁が３００g以上含まれていれば、果実酢と呼べることになっている。つまり3割果汁が入っていればいい。

国産の大量生産果実酢の多くは、安価で手間のいらない醸造用アルコールを主原料に、半分にも満たない果汁を加えて造られている。

口を酸っぱくしていうが、本物のりんご酢とは、りんご以外の原料を一切使わず、りんごだけを発酵させてワインを造り、さらにこれを酢酸《さくさん》発酵させて酢にしなければならない。

「当たり前に仕込んでいますが、１ℓのりんご酢を造るのに、１・２kgのりんごを使います」

何も足さない本醸造だから、酢の香りと味はひとえに原料のよさにかかっている。

減農薬栽培に取り組む志のあるりんご農家から、木で完熟した、もぎたてが届く季節に、仕込みが始まる。

⬆紅玉や富士なども試した上で、香りよく味にくせがないスターキング
が選ばれた。１ℓのりんご酢を造るのに1.2kgのりんごを使う。

⬆農家から真っ赤なもぎたてが届くと、その日のうちにひとつひとつ軍手をはめた手で、ごしごし撫でて水洗いする。りんご可愛や。

➡１個300ｇのりんごを１万4000個もつぶし、3日がかりで大タンクに仕込んだ。15℃前後の10月の気温がアルコール発酵に適している。

⬅酢酸発酵には30℃以上の暖かさが必要だ。ワインに種酢を浮かべ、タンク内に電球を灯して保温してやる。表面のしわしわは酢酸菌の膜。

酢を与えて栽培した減農薬りんごが、本物の果実酢になる

阿武隈川にほど近い果樹園のりんご樹に、枝がしなうほど見事に赤い実がついている。樹齢50年の晴れ姿に、風格と色気がただよう。

りんご農家の有我彰夫さんは22年前から、酢を使うことで徐々に農薬を減らしてきた。りんごの葉は厚く固くなり、病気に強くなって、味も実りもよくなるよう木の生理が活性化するのだという。そうはいっても、農薬のように強力速効性はない。

「家のもんにも、消毒せんと白い眼で見られるだけどね」

病害虫の時期に、農薬をかけないでいるのは、たやすくはない。

酢の原料は、木で完熟したりんごである。時季が早いと酢に青臭さが残るし、遅れると実が落ちてしまう。収穫は10月上旬のわずか1週間に集中する。短い旬を追いかけてりんご農家も酢屋もてんてこまいだ。

もぎたてりんごは、まるごとつぶされ4tタンクに仕込まれる。ワイン酵母を加えると、すぐにアルコール発酵が始まり甘い香りが漂う。

りんごをワインにかえるのは、甘党の微生物、酵母である。好物のりんご果汁のなかで、糖分を食って猛スピードで増殖する。ぶくぶくと泡がたつこの状態を、発酵と呼ぶ。糖分は炭酸ガスとアルコールに分解され、炭酸ガスは泡となって空気中に出ていき、タンクには芳醇なワインが残る。

これを酢酸発酵室に移し、酢酸菌を浮かべてやると、りんご酒を楽しむかのようにぐずぐずと、70日もかかって酢になる。

さらにおよそ1年、空気とエールを送りながら熟成する。今年仕込んだりんご酢が、晴れて世に出るのはへたすると再来年である。

こんなりんご酢を造るのはよほどの頑固もんにちがいない。

⬅もわっと暖かい酢酸発酵室。ここで米酢は60日間、りんご酢は70日間かけてゆっくりと酸度を上げて酢になる。酸度は約4・7%。

天保年間から続く太田酢店は、米の統制で一時酢造りをやめた。戦後になって先代は江戸・明治の仕込み帳をもとに、昔の玄米酢の再現にとりかかる。酢屋が次々廃業していくご時世に、資産をつぎ込んで失敗を重ね、10年かかって造った本物は安い合成酢の前に勝ち目はなかった。

「父は研究が好きで、優秀な職人でしたが、売るのはからきしだめな人でした。当時は酢では食えなかった。虚仮《こけ》の一念ってやつです」

酢で食えない酢屋の一念と、りんご農家の一途《いちず》が醸したりんご酢は、10年寝かすと上等のブランデーの香りに円熟するという。

取り寄せ情報

1年熟成のりんご酢　360㎖500円、720㎖箱入り1200円。㈱太田酢店　〒962－0056福島県須賀川市大字大桑原字若林4－2　☎0248・72・0599　FAX0248・72・2934　営8：00～17：00　休日、祝日　大量の注文は受けかねます。

⬇円熟したまろやかなりんご酢。醸造品は寝かせるほどにおいしくなる。米酢（5合600円）、玄米酢（5合1300円）もおおすすめ。送料別。

⬆郡山からＪＲ東北本線須賀川駅まで15分、駅から大桑原までタクシーで15分。車は東北自動車道の須賀川ＩＣを下りて5分。

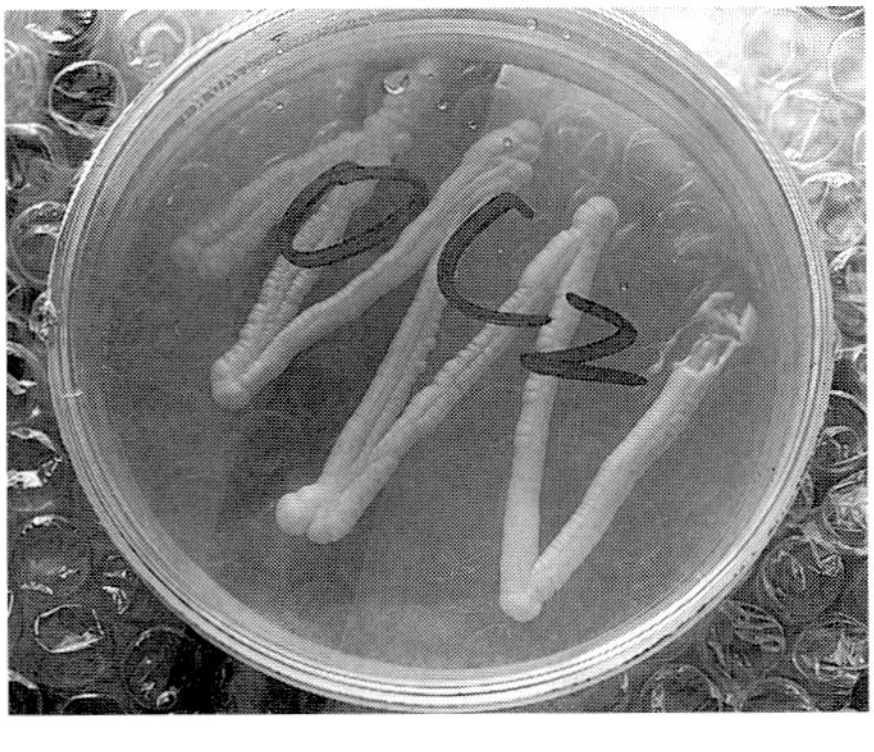

➡麹《こうじ》汁でとかした寒天の培地に、直径3㎜の菌植棒で画いた細線が、増殖して太線に。自家培養しているワイン酵母のコロニー。

麦味噌

◆愛媛県宇和島市

【作りどき】春と秋

【食べどき】2か月後から

麦に麹の花をつけ、塩と混ぜて木桶に仕込んで、季節によって2か月から半年寝かせる。南予《なんよ》宇和島の昔気質《かたぎ》の味噌屋が、微生物の営みに合わせて仕立てる麦だけの味噌は、豆味噌との相性も絶妙である。

麹《こうじ》かびが、はだか麦を食って醸《かも》す山吹色の甘く芳醇な田舎味噌

⬆宇和島市にほど近い漁村南君《なぎみ》。山裾まで海が迫り、狭間《はざま》に家々が一列に並ぶ。山の段々畑で麦を栽培し、各家で麦味噌を造っていた。

➡蒸し麦が冷めたら、種麹を両手ですり合わせるようにして、まんべんなく混ぜ込む。浅い木箱に入れ、室《むろ》に一昼夜おいて麦麹にする。

⬅発酵の遅い寒い時期に仕込んだものでも、ひと月もするとほのかに甘い香りが漂う。あと5か月、木桶に寝て淡い山吹色に仕上がる。

生まれて、母乳の次に口に入れた食物は、おそらく味噌汁だったのではなかろうか。

赤子の魂にしみついた味噌味の記憶は、きわめて保守的である。

豆味噌文化圏の人は、甘い味噌なんてと眉をひそめるだろうし、片や麦味噌圏では、褐色の味噌汁にそっぽをむく。食物の味が似たり寄ったりになりつつある中で、断固地方の独自性を保っていて、実に頼もしい。

味噌は原料によって、豆味噌、米味噌、麦味噌とあるが、一般的にはいずれも大豆を使う。大豆たんぱくは微生物に分解されて味噌の旨味になる。

魚に事欠かないところだから、魚で濃厚なだしを引いたのだろうか、愛媛県南部南予《なんよ》地方の味噌は、麦だけで造る。麦麹が醸す淡い山吹色と、味噌らしからぬフルーティな香り、まろやかな甘さが身上である。旨味の豆味噌と甘く香る麦味噌を合わせれば、一段と旨い味噌汁になる。

原料のはだか麦は、大麦の一種で粘りがあって味もよく、古くから団子や餅、酒を醸したり、粉にして麺や麦菓子にも用いられてきた。

糖分こそ米にかなわないが、日本人に不足気味だといわれるカルシウムや鉄は米の3倍。カリウムやビタミンB_1、B_2は2倍。

もっと見直されてもいいのに、冷遇されがちなのは、麦しか食べられなかった時代の後遺症だろうか。

麦味噌はあっさり熟成である。重石《おもし》の下に3年も寝かせる豆味噌とちがって、重石もせずに、夏は2か月、冬は半年で、完熟果実のような香をもつ色白の味噌になる。

南予は平地が少なく、米もとれない。山の段々畑は、文字どおり「耕して天に至る」の図である。

今は蜜柑《みかん》果樹園だが、以前は段々畑一面の麦畑だったという。農家は6月に収穫した麦で、自家用の味噌や醤油を仕込んだ。種麹も、前年の麦麹を乾燥させて各家でもっていたそうだ。種麹まで作る技術は、玄人は

だしで、手前味噌の味はさぞかし個性豊かだったことだろう。

「味噌に色がつきすぎても好まれませんし、白すぎても熟れてないいんじゃないかといわれます。ここの人は色にやかましいです」

一家言ある客の注文にきめこまかに応じる宇和島の味噌屋・井伊良夫さんによると、麦と大豆の割合から、米麹か麦麹か麹の種類まで指定して、我が家流手前味噌を注文してくる家も少なくないそうだ。

腕に覚えがある客は、なかなかてごわいらしい。

⬆味噌づくりは麦蒸し作業から。洗って2～3時間浸漬した210kgの麦を30分蒸す。粉砕機でほぐして冷まし場に広げる。

⬆麹菌はもともと稲穂につくかび。藁《わら》とは相性がいい。山吹色に蒸し上がった麦を藁筵《むしろ》に広げて、35℃くらいまで冷めたら種麹をつける。

⬆麦麹に１割弱の塩を加えて、半切桶でよく混ぜ合わせる、塩切り作業。寒い時期の仕込みには、色を出すために少量の大豆が入る。

➡味噌醸造の山場は麦麹づくり。種麹をつけてまる一昼夜、32℃の麹室に入れて花をつける。夏は窓を開け、冬はストーブで暖める。室は全手動式。

よくできた麦麹が色香と風味の決め手

家族3人で営む昔気質の味噌屋は、一途に麦味噌しか造らない。温度管理の機械も、自動製麹機《せいきくき》もない。職人の経験とかんにものをいわせ、四季折々の気候に合わせて、麹菌のお守《も》りをする。古びた粉砕機とミンチ機があることを除けば、すべて人力手動式。ごくごく小さな生きもの相手の作業である。

「花がきれいにつかんといかんけん。麹が若いと、ええ味噌ができん」

麹室の中で機嫌よく麹かびが繁殖すると、蒸し麦が白い綿毛に包まれる。これを「花がつく」という。

若すぎず老いすぎずの、綿毛の匙《さじ》加減がかんどころ。味噌の味は、麹のできにかかっている。

「表面は花がつきやすいけど、両端は寒いので、遅くなるんです」

種つけした蒸し麦を室《むろ》でひと晩寝かせ、翌朝、「手入れ」といって花がまんべんなくつくように、波状に筋を入れて表面積を広げ、温度と湿気と酸素をまんべんなく与えてやる。

麹かびは寒いと動けない。30℃から32℃に保ってやらなければならない。冬の間は小さな石油ストーブが活躍する。

動きだすと自分で熱を出すから、室の温度が上がる。暑すぎても死んでしまうので、室の天井の小窓を開けてやる。全開にするか、半開きか、隙間程度にしておくか。窓の開閉の匙加減は、外気温と室温の兼ね合いで微妙に違うという。

まる一昼夜で、麦麹づくりが完了する。口に含むと、ほのかに甘い。

麦麹に1割弱の塩を加えて混ぜ、ミンチ機にかけて、木桶に仕込む。

このときは、甘くもなんともないただの塩辛い麦ペーストである。

熟成期間は春3月から5月はおよそ4か月。6月から8月盆までは2か月。盆を過ぎて10月までは4か月。冬は5~6か月間。熟成の間に、塩辛さは手品のようにとけ失《う》せて、熟した甘い風味が残る。

季節や気温や湿度によって、熟成期間がちがうのは、麹菌の都合である。暖かく湿気の多い梅雨時には、もっとも活発に働く。

麹菌は麦のでんぷんを食って、甘味を醸し、たんぱく質を分解して旨味成分であるアミノ酸を生成する。甘いものに目のない乳酸菌や酵母が寄ってきて、せっせと糖分を食ってアルコールを生成し、芳醇な香が醸される。

人間がするのは下拵《したごしら》えまで、本番の醸造場は木桶の中だ。

効率を優先するならば、いくらでもかれらを急《せ》かすことはできる。

百も承知で、無駄にもみえるこの時間を、昔、各家の母さんたちがそうしたように、味噌屋はあわてず騒がず待つのである。

➡地下水を加えてミンチ機にかけ、ペースト状にして隙間なく圧して大桶に仕込む。注文のつど桶から出し袋詰めして配達する。

⬆ＪＲ松山駅から予讃線で、宇和島まで１時間20分。松山駅からバスで約２時間30分。１日10往復運行。車は松山から国道56号線で約２時間。

取り寄せ情報

麦味噌　1kg袋詰め４５０円。５kgから送ります。５kg袋詰め２２５０円。送料別。井伊商店　〒798－００３３愛媛県宇和島市鶴島町３－23　☎０８９５・22・２５４９　営８：00～17：00　休日曜日

⬆宇和島の名物家庭料理「さつま」。鯵《あじ》や甘鯛を焼いてほぐし、擂《す》り鉢でする。魚の３分の１の麦味噌を加えてすり、魚のアラで引いただしでのばす。麦飯にかけていただく。

⬇店頭では味噌桶から量り売り。冬は３か月、夏は冷蔵庫で２か月間はおいしくいただける。麦だけの味噌は６月から２月まで。

「さつま」調理指導　割烹田中／愛媛県宇和島市新町2-5-9　☎0895・23・2250

ねさし味噌

◆徳島県麻植《おえ》郡川島町
【仕込みどき】2月から3月
【食べどき】3年目から

麹《こうじ》作りは、寒中から桜の花の咲く頃まで。薪のかまどで炊いた大豆を捏《こ》ねてこしらえた味噌玉に、野生の菌がびっしりと生えて、ひと月ほどで豆麹になる。木桶に仕込んで丸2年。自然まかせで造る古式の豆味噌は、寝かすほどに旨くなる。

雑草のごとき野生のかびが麹を作り、2年寝かせて味噌になる

⬅味噌玉についた、銀灰色の野生の麹かびは、ほれぼれするほど美しい。味噌の内部までかびが食い込むほど、いい豆麹になる。チーズにも似た、かすかに甘酸っぱいおいしい匂いだ。

⬇煤《すす》けたかまどで、5時間以上大豆を煮る。大釜の丸い底を、薪の炎が包むように燃えて、まんべんなく火が通る。小指でなんなくつぶれる柔らかさに、ふっくらと炊き上げる。

幼い頃にすり込まれた味は、根の深いもの。世の中でいちばん旨いのは、我が家の味噌である。

なれ親しんだ味噌汁の、あの香りと色。真っ白い大根にとろりとかかっている甘味噌の色が、きつね色か黒光りしていなければならないかで育った地方も見当がついてしまう。

徳島県の吉野川沿いで造られるねさし味噌は、大豆と塩で仕込んで、2年以上じっくり寝かせた辛口。黒に近い褐色の豆味噌である。

くせのある独特の香と、濃厚な旨味、その奥にかすかな渋みがあって味わいは奥深い。

寒中に味噌玉をひと月寝かして麴を養い、仕込んで丸2年重石の下に寝かせて味噌にし、さらに寝るほどに旨味を増すので、ねさし。昔から地元では親しみを込めてそう呼ぶ。

大豆だけで造る豆味噌は、奈良時代以前に、朝鮮半島の古代国家高句麗《こま》人が伝えたといわれ、古くは高麗味噌とも呼ばれている。

ねさし味噌の最大の特徴は種麴がいらないこと。

大豆を煮てつぶし、玉にして藁に寝かせ、自然に麴かびが生えるのを待つ。雑菌のもっとも少ない寒の時期を選ぶのは、気候を味方につけて、かびを応援するためだ。ねさしは、味噌蔵の主、野生の麴かびが造る味噌なのである。

うんざりするほど時間も手もかかるというのに、時代をかいくぐって延々と1400年間も生き延びてきた、味噌の原形である。

そう書くと、なにやらすごそうだが、戦前までは、農家で自家醸造していた手前味噌なのである。個性が強いから、匂いが鼻について食べられないという人もいるに違いない。

好みは別として、八丁味噌文化圏の三河、尾張、美濃近辺の人にとっては、五臓六腑にしみわたるなつかしい味がするはずだ。

天正13年（1585）秀吉の世に、尾張から阿波へ移封された蜂須賀家に従ってきた家臣が、阿波吉野川流域へねさし味噌の製法を持ってきたという。吉野川の伏流水と、水運を使って運ばれる塩、暴れ川流域の肥沃な土地で作られた大豆、頃合いの重石は目の前の河原で調達できた。味噌造りの環境は整っていた。

辛口で貯蔵がきくねさし味噌は、かつては武士の兵糧だった。干し味噌を芋がらで縛って、腰に下げて戦に持ち歩き、干飯と芋がらを炊いて味噌粥にしたそうだ。

川島町周辺では、今でもこれに似た、ねさし味噌仕立ての「おみいさん」という芋雑炊を作る。離乳食にもするという。赤ん坊は、母乳の次にねさし味噌の味を覚えるわけだ。

手前味噌に、敵なしである。

⬆食べておいしい大豆でないと、いい味噌にならないという。茹で大豆をつぶして捏ね、枕形に丸めて味噌玉を作る佃きくえさんと微生物学にも明るい息子の勇治さん。

➡麹かびがびっしり生えたら味噌玉を4つに割って、断面にもかびをつける。毛足の長いかびは、しっとりと冷たい。さらに5～7日間おいて、かびを中まで食い込ませる。

⬅味噌玉をひと晩おいて冷まし、水分を飛ばす。包丁で3㎝の厚さに切り分けて、室の味噌筵に並べる。最初の2、3日、麹かびが無事つくまで、室の窓を開けて低温を保つ。

⬆土用に味噌の天地を返して、重石をぎっしり載せて、丸2年～5年寝かせる。熟成が足りないと、塩がとがって塩辛い。塩が熟れると穏やかな辛口になる。

⬆汚い恐いと毛嫌いされるかびが、健気においしいものを造ってくれる。麹かびが味噌玉をくまなく覆ったら、風にあてて水分を飛ばし、繁殖を止める。約1か月で豆麹ができあがる。

⬅煮込める赤味噌。塩味が強く、旨味も濃い。いりこだしが合う。米味噌や麦味噌と合わせ味噌にすると味噌汁が一段と旨くなる。

うかうかしてると納豆になってしまう。窓と筵《むしろ》で、麹かび好みの温度を保つ

「ねさしは、さぶ寝がええで」

江戸の中期から、吉野川の畔で味噌造りをする佃家のおばあちゃんの申し伝えだ。

雑草のごとき野生の麹かびといえども無敵ではない。納豆菌に似た枯草菌に弱いのだ。暖か過ぎは禁物だ。「とろいことしてたら、納豆になってしまう」

薪のかまどで、ふっくら炊き上げる大豆だから、さぞかし旨い納豆ができるだろうが、それでは味噌屋はあがったりである。

ねさし味噌造りは、豆麹造りにつきるといっていい。仕込みができるのは、麹かびが雑菌に邪魔されず元気よく働く、寒中から桜の花の咲く頃まで。豆麹が「さぶ寝」のできる2か月間に限られる。

明治時代の味噌蔵の2階に、70坪ほどの麹室《こうじむろ》がある。日中、麹室の窓は開けっぱなし。寒中の味噌蔵に、冷たいからっ風がよく通る。

天井に届く棚の筵《むしろ》の上に、麹かびを生やした味噌玉が、何千と隙間なく並ぶさまに、ちょっとたじろいだ。森閑として静まり返っているのに、生きものの濃厚な気配を感じる。微生物が夜のうちに出す熱気で、窓ガラスにびっしり水滴がついている。

「人間も暑いなあと思えば、窓を開けるでしょう。かびだって同じです」

かびと同じ屋根の下に暮らしている佃勇治さんはいう。

寒寝の夜は筵の布団を着せてやり昼は汗をかかないようにと、窓を開けて風を入れる。麹室の温度調節は、窓と筵である。

大釜で4時間、柔らかく煮た大豆をつぶし、捏《こ》ねて空気を抜き、枕形に丸めて味噌玉を作る。ひと晩おいて、包丁で3cm厚に切って室の味噌筵に並べる。味噌玉はまだ茹で大豆のいい匂いだ。

1週間もしないうちに、空気中の麹かびがくっついて、うっすらと天然の白い麹かびが生えてくる。

ほどよい温かさと、湿り気があれば、旨い茹で大豆を食べた麹かびは素直に繁殖して、豆麹になる。

育てやすいが、寒すぎると何日もじっと動かず、気をもませる。そのくせ気温が急に上がると、一気に増殖して自滅してしまうこともあり、油断がならない。

2週間たつと、銀灰色の麹かびが綿を載せたように、味噌玉の表面をびっしりと覆う。こうなると、もう単なる大豆の塊ではない。大豆香は消えチーズとも味噌ともつかぬ、えもいわれぬ甘い香りが立ちこめる。麹かびさまさまの威力である。

「熟したこの匂いで、味噌玉の割りどきがわかります」

4つに割って1週間もすると、断面にもかびが生える。さらにおいて

中までかびが食い込んだら、風にあてて水分を飛ばす。

「かびが食い込むほど、味噌にこくがでます」

寒中とはいえ空気中には、様々な雑菌がいるわけで、それらとせめぎ合い、有害菌にも打ち勝ってもらわなければならない。

「昔からしよる時期に、無理せんとしたらいいんです」

時がくれば、なるべくして豆麹になるのだという。

豆麹を味噌桶に仕込んで、発酵の進む土用に天地を返し、ぎっしりと重石を載せて寝させる。麹造り約1か月。重石の下に丸2年、3年目にやっと晴れて豆味噌になる。5年寝させれば、なお味わい深い。

塩気もこくも味そのものが濃いから、味噌汁なら普通の味噌の半分でいい。たっぷりのいりこや生魚で、濃いめのだしをとり、甘めの米味噌や麦味噌など白味噌と好みの割合で合わせ味噌にすると、味噌の妙味が楽しめる。

野生のかびが造る古《こ》式豆味噌は、手前味噌の原点である。

取り寄せ情報

注文に応じて、桶出し味噌を袋詰めして送ってくれる。注文は葉書かファクシミリで。佃商店 〒779-3306 徳島県麻植《おえ》郡川島町学近久149-9 FAX 0883・25・5188

⬆ねさし3年味噌1kg800円。よく寝た5年味噌は、完熟の味わい。1kg3000円、送料別。

⬅柚子の皮にねさし味噌を詰めて焼いた柚子味噌。酒のあてにもいける。香りの強いものとよく合う。

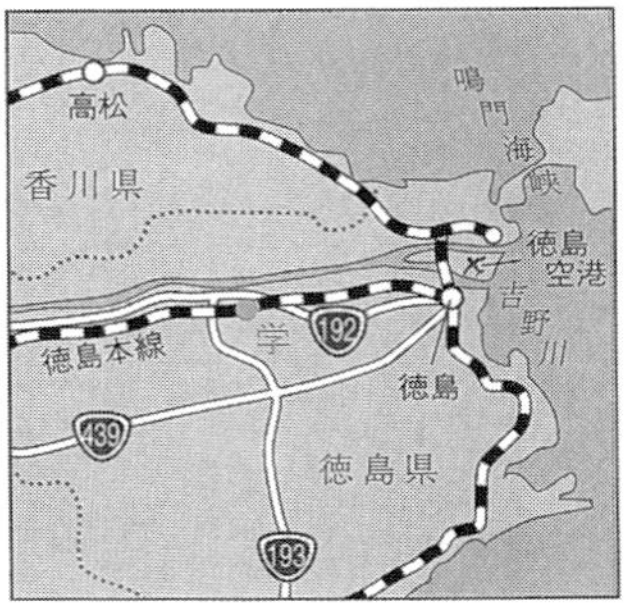

⬅JR徳島駅から徳島線阿波池田行きで約1時間。学《がく》駅下車。徒歩15分。徳島バスで約1時間。川島農協前下車。

みりん

◆岐阜県加茂郡川辺町

【仕込みどき】春と秋
【食べどき】3年後から

地元産もち米と米麹《こめこうじ》、自家製の純米焼酎を仕込んで、90日を経て搾る。自然におりが沈むのを待って、上澄みを3年寝かすと、まろやかに仕上がる。年をとって円熟した純米古みりんは、江戸の昔から美濃で寝酒として甘党にも愛飲されてきた、在所の特級品である。

時を経るほどまろやかになる、国産素材だけの極上品

⬅もち米、麹、焼酎で仕込まれたみりんのもろみ。くぼみには甘いみりんがたまっている。仕込んだ米の半分くらいのみりん粕がでる。40度の焼酎で仕込んで、仕上がりは14度。

⬇3年寝かした古みりんは、清酒をゼロとすると、糖度マイナス200という甘さになる。火入れしないので酵素が生きている。

すすめられるまま飲んでみて、ハタと膝を打った。とろりとグラスにつたう濃厚さ、けれん味のないまろやかな甘さ。これがいけるのである。

みりんは、だし汁、醤油とともに和食にはなくてはならない縁の下の力持ち。各同量で天つゆや照り焼きのたれに、ちょっとたらせば素早く行方をくらまして、それと気付かせず味をひきたてる、かくし味の切札でもある。

あたりまえのことだが、まずい調味料で旨いものができるはずはない。

3年熟成古みりんを、毎日使うようになって、煮物も麺類も格段においしくなった。実感である。

みりんは、米麹ともち米を焼酎で仕込んで糖化させて造る。本来は、飲むために造られた純米の甘い酒だ。古いものほどまろやかで、上質になる。清酒のように水で仕込むのと違って、蒸留酒で仕込むから腐らない。沖縄の泡盛のように古酒を楽しめる。年とれる酒なのである。

南蛮酒と呼ばれた焼酎の製法が伝わったのは、戦国時代といわれている。江戸時代になって、甘い酒が好まれるようになり、みりんが造られた。飲用ばかりでなく天保年間には醤油と合わせて鰻の蒲焼きのたれに、調味料としても使われている。

昔はみりんの瓶の口に、白いかさかさがこびりついていた。たれた跡が乾くと、白い線になって残った。いつの頃からかこれがなくなって、ついでに、絡みつくようなとろみもなくなった。味はとても飲める代物ではない。飲まれなくなって、黒子になったみりんは、使い手を置き去りにして、すっかり変わってしまったらしい。

戦後食糧難の時代に、少ない米で量をたくさん造ろうと、醸造用アルコールを用いた。手間と暇、原料を省いた代わりに、添加物と水飴で味つけした、40日ほどでできる代用品に、大手メーカーは「本みりん」とラベルを貼った。

数年前にやっと解禁になったが、昭和40年代以降、酒類取り扱いのできないスーパーマーケットに、本みりんが置けなくなって、まがいものが登場した。「みりん風調味料」は、でんぷん、水飴、添加物を混ぜて、数日あればできる、みりんとは似ても似つかぬ代物である。

効率最優先の大量生産とひきかえに、本来の味を捨ててきた。今や本物の味を知らない若者がほとんどだろう。味を失えば、製法も含めて数百年続いた食の文化がひとつ消滅する。清酒も戦後同じような道をたどったが、元に戻ろうとするところも増えている。しかし本物のみりんは、全国でも数えるほどしかない。

みりんは瀕死の状態なのである。

⬆もろみを寝かせている90日間は、まめに櫂を入れてかき混ぜ、麹菌に空気を送って糖化させる。重い櫂を回すには相当の力がいる。

⬆仕上がったみりん麹を2階の室から落として、蒸したもち米にまぶしつけるように混ぜ、夏の間に造った純米焼酎を加えて仕込む。

➡麻袋に入れたもろみを、船大工が杉材で作った槽《ふね》に重ね並べ、木蓋《きぶた》を載せてひと晩おき、翌日重石をかけてゆっくり搾る。手搾り。

⬆室に入れて３日目の早朝に出麹《でこうじ》したみりん麹。麹菌が米の内部まで入り込んで真っ白になる。麹菌は寒さで鳴りをひそめている。

昔ながらに造った3年物の純米みりんは、飲んでもおいしい

「岐阜の在所で情報もなく、みりんがそんな造られ方になっているとは、長いこと知りませんでした」

飛騨川のほとりの小さな町で、江戸時代からの家業を守り、昔ながらの古みりんを造る加藤寛明さんは、気負いもなくいう。

夏のうちに米で造った焼酎と、米麹と国産もち米を、春と秋の2回仕込む。90日で糖化したもろみを、杉の木の槽《ふね》でゆっくりと搾って、自然におりを沈めて上澄みをとる。こうしてできたみりんをさらに3年熟成させた。こんなみりんはどこを探してもちょっとない。

「いい原料を使ってきちっと造る。もともとの仕事をしているだけです」

掛米のもち米も昔と同じ。正月には引っ張りだこになるという飛騨古川産の一級品「高山もち」を使う。

みりん造りの要は米麹だ。熟練の杜氏《とうじ》が腕によりをかける。

蒸した粳米《うるち》に、種麹をふりかけて混ぜ込み麹室《こうじむろ》に入れると、二昼夜で透き通っていた米が真っ白になり、みりん麹ができる。

杉の板張りの室の中は約30度。木の匂いと麹の独特の匂いにむせかえる。蔵人《くらびと》たちは上半身裸かランニングシャツ一枚で、それでも汗だくで立ち働いている。

小山に盛った米に手を入れて、熱すぎはしないか、寒くはないかと気を配る。大小の凹みを作って熱を逃がし、布をかけて保温し、と、きめ細かく微調整をしてやる。見て、触って、心地よい環境を整える。杜氏はかゆいところに手の届く、麹菌のお守り役である。

こうして造った麹には、機械造りにはない力があるという。

もろみは麻袋に入れて、杉の木の槽に並べて木蓋をしてひと晩おき、翌日重石をかけてゆっくりと手搾りする。急ぐと、濁りがでる。無理強いしないのがいちばんだ。

火入れもしないから、麹の酵素が生きている。旨みが深いのはそのせいだろうか。

これだけ手のかかるみりんを、量産「本みりん」と同じような価格で売れば、当然苦しい。みりん造りをやめようかと迷った時期もあった。

「『清酒は誰かが造る。みりんはあなたしかできない。作り続けて』とい

➡槽で搾ったばかりの甘い粘り気のあるみりん。乾くと雪が積もったように白く固まる。みりん粕は酒粕より高値で粕漬けの漬物屋へ。

ってくださった人がいたんです」

妥当な値段で使ってくれるところを紹介してくれたその人のおかげで、続けていく見通しがついた。

「昔の味がする」と、年配の人から感激の手紙が届く。

「縁日の夜店で売っていた、お菓子代わりのみりん粕はどうなっちゃったんだろう」という便りもある。

「このへんでは昔から、お年寄りや婦人が夜よく眠れるように、みりんを寝酒として飲んだものなんです。みりん粕は子供のおやつでした」

飲むものだから、味が変わればすぐに近所のお客さんから苦情が来る。

「変えられなかったんです。地元の皆さんに感謝しなければなりません」

いつもの味に頑固な人が健在で、我儘《わがまま》を通す。これも在所の特級品にひと役買っているのである。

取り寄せ情報

3年熟成本みりん福来純　1升瓶2500円。送料別。1ケースなら送料なし。正月は本みりんに薬草をつけた屠蘇酒《とそしゅ》もある。180㎖300円。白扇酒造。〒509－0304岐阜県加茂郡川辺町中川辺28 ☎0574・43・3835 FAX0574・43・3878 営8：30〜17：15 休土、日、祝日

➡みりん粕『こぼれ梅』は、甘いおやつでもあった。魚を漬け込んでも旨い。1kg500円。

⬇福来純は、個人直接か普通の酒屋にしか置いていない。大流通にのせる気はないという。500㎖750円。

⬆飛騨川が木曽川と合流するあたり、川辺町で、今や稀少な本物のみりんを造る白扇酒造。

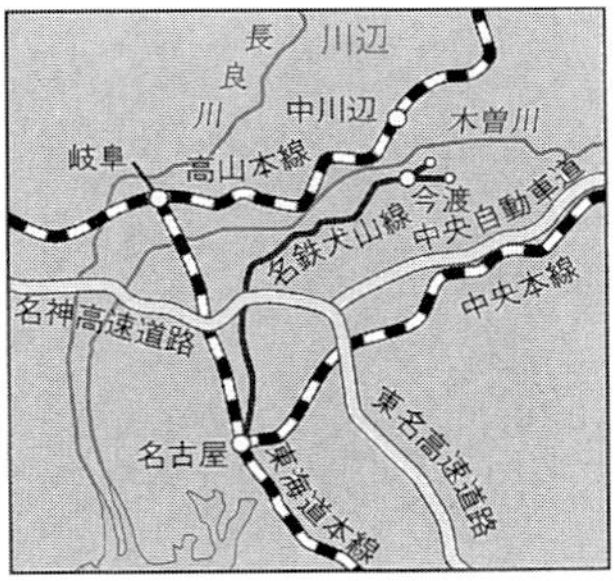

⬅名古屋から岐阜乗り換え、JR高山本線で約1時間、中川辺駅下車、徒歩10分。または名鉄犬山線で今渡駅下車。タクシーで20分。

料理酒

◆福島県西白河郡矢吹《やぶき》町

【仕込みどき】11月から3月

煮魚が旨い。里芋のにっころがしもいつになく上出来だった。この料理酒の旨味成分アミノ酸は、普通の清酒の2倍から3倍。ビタミンもたっぷり含んだ濃口《こいくち》。おいしく食べて元気がでる、下戸《げこ》にもいける百薬の長。

猪口《ちょこ》一杯分で味に深みがでる 濃醇《のうじゅん》甘口純米の隠し味

⬆戊辰《ぼしん》戦争（1868）の戦火にも焼け残ったという、古い酒蔵の１階にある、明治のハイカラな赤レンガの建物。

⬆古き良き時代の雰囲気を残す風格ある酒蔵で、伝統の酒造りを守る。20数年前、蔵の存亡をかけて有機栽培米の自然酒を造った醸造場。寒くなると、仕込みもいよいよ佳境に入る。

⬅櫂《かい》を入れると、果実のような甘酸っぱい香りがたつ。酒造りの酛《もと》、酒母。ここで酵母を育成すると、1cc当たり1000万個以上にもなる。蔵人《くらびと》たちは甘酸っぱい泡を、晩飯の味噌汁に入れて楽しんだ。

「料理酒って飲めるんですか」

お客さんにそう問われてがっかりしたと、福島の酒造のあるじ大木代《おおきだい》吉《きち》さんは苦笑する。

飲めないようなまずい酒で、料理が旨くなるはずもないが、そう思われているふしもある。

味を引き立てるために使われるから料理酒であって、もともと「料理酒」という酒があるわけではない。

20数年前、添加物のない料理用の酒が欲しいとの求めに応じて、大木さんが料理酒として世に出したのが、有機米で造ったこの酒だった。もともと飲むために造られた、濃醇甘口の純米酒である。

「当時は三倍増醸酒全盛時代で、純米酒という言葉もありませんでした」

三倍増醸酒とは、戦後の米不足のころ、窮余の策で造られた酒だ。

「原料米を減らして、発酵過程にアルコール、糖類、グルタミンソーダ、酸味料を加えて増量した酒です。うちも造っていました」

敗戦後の食糧難時代には、酒飲みのオアシスとなったに違いない。

ところが、米が潤沢に出回るようになっても、三増酒はなくなるどころか、盛んに造られ続けた。アルコールを添加するから安上がりだし、醸造期間も大幅に短縮できる。味の不足は添加物で補えばこと足りる。

「ありのままの酒だから、造る自信があったわけではないんです。ただ、このまま大手と同じことをやっていては、小さな酒造は生き残れない。良いものを造らなければ」

まずは、昭和48年に、有機米を原料に純米酒『自然郷』を造った。淡麗《たんれい》のやや辛口の酒である。いまでこそ淡麗辛口が主流だが、当時は見事に返品の山だった。4年我慢の日々が続いた、と大木さんは振り返る。

純米甘口の酒を造ったのは、その3年後だった。

「戦後の米のない時代に、添加物に頼らず薄めても飲める、増量のきく濃い酒の研究がされていたんです」

研究者の指導のもと、仕込んだ酒は、ふくよかな甘さと旨味をもつ、濃い酒に仕上がった。

分析によると、旨味成分であるアミノ酸は、普通の清酒の2〜3倍。ビタミンBの含有量はずば抜けている。アルコール度数を調整するために少量の割り水はするものの、ほとんど原酒のままで瓶詰めされる。

隠れてしまう味だからこそ、気張って造る。意気も高いが、質も値段も、おそらく日本一ではなかろうか。

⬅酒造の朝一番の仕事は米蒸し。原料は秋田県大潟《おおがた》村産の低農薬米。蒸米を手でにぎり、ひねり餅をつくって蒸しの加減をみる。ご飯一粒一粒に弾力がある。

←麹と蒸米と水を混ぜて、酵母を植え、2週間育成して、酒母（酛《もと》）をつくる酛場。広々とした床は、ぴかぴかに磨き込まれている。

→料理酒の精米歩合は70%。食べる米は91%くらいだからずっと白い。米を洗って糠《ぬか》をとり、水に浸して充分水を吸わせて、甑《こしき》で蒸す。

➡手のひらで麹を撫でて広げて、手入れを繰り返し、室で二昼夜寝かすと真っ白な米麹になる。「かびが造ってくれるんです。私らは手助けしてるだけ」と杜氏さん。

おっとりした酵母が1か月かかって造る、飲んでもおいしい旨口の酒

大木代吉本店は、奥州街道の宿場町として栄えた矢吹町で、江戸末期から醸造業を営む旧《ふる》い蔵である。

冷え込む朝の醸造場は、蒸米の大釜の蒸気で真っ白だ。蔵人《くらびと》たちのラジオ体操がすむころ、米が蒸し上がる。ご飯のいい匂いを振りまきながら、蔵人たちが麹室《こうじむろ》へ走る。

蔵にみなぎる張り詰めた空気に、思わず背筋が伸びる。

ぷつぷつと発酵するもろみを見る限り、素人《しろうと》目には同じである。

何ひとつ添加せず、ふつうの純米酒より旨味の濃い、ビタミン豊富な酒になるという。その仕組みを、杜《と》氏《じ》の鈴木次悦《じえつ》さんにうかがってみた。

「昔から夏バテ防止に、酒粕《さけかす》を溶かした甘酒を飲んだものです。もろみの栄養価は高いけど、酒を搾ると養分の多くは粕に残ってしまう。それをいかに酒に溶け込ませるかです」

ふつう淡麗辛口の清酒は、雑味、甘味を嫌って、アミノ酸を抑える造りかたをする。料理酒はそれを逆手にとって、アミノ酸を最大限に引き出す造りをするという。

「米研《と》ぎから麹づくり、発酵期間まですべて違います」

ふつうの純米酒は、仕込んで20〜23日で酒になる。料理酒はさらに1週間から10日かける。

「酒は並行発酵といって、ひとつのタンクの中で、米の糖化とアルコール発酵が同時にすすんでいます」

麹菌が米を食って糖をつくり、それを餌に酵母が酒を造る。

「料理酒の場合は、酵母にたっぷり餌を与えます。人間をご飯に埋めて、ほら食えというようなものです」

たらふく食べた酵母は、活動が鈍くなり、発酵スピードが落ちる。

「反対に吟醸酒や大吟醸酒は、餌を減らすんです。栄養不足にして酵母を追い詰めると、がつがつ食う」

飢餓感でがむしゃらに働き、さっさと発酵を終える。

タンクの中の出来事は、微生物たちの一生の興亡であり、酒はその結果である。

餌のあるうちは、酵母も麹菌も新陳代謝を繰り返しながら、発酵を続ける。餌が尽きると、酵母は自分のつくったアルコールで死滅する。麹菌も同じ運命だ。それが種々の有機酸を生成し旨味成分となる。時間がかかるほど、旨味も増える。

どうやら料理酒は、おっとりした酵母たちがのんびりと造るらしい。

酒を搾るとき、旨味と養分をいかに酒に残すか。その辺に技があるそうだが、その先は秘伝である。

「何杯も飲むわけじゃない。小振りの猪口一杯で、家族のご馳走をおいしくするんです」

料理に一杯、旨い酒をおごるとしますか。

取り寄せ情報

『純米料理酒』720mℓ840円、1・8ℓ2122円。純米酒『自然郷・藁《わら》づと入り』720mℓ1360円。送料別。
大木代吉本店 〒969－0200福島県西白河郡矢吹町本町9 ☎0248・42・2161 FAX0248・42・2162 営9：00～18：00 休火曜日

←煮物、照り焼き、天つゆ、汁物、つけ汁など用途は広い。甘さは味醂《みりん》の7分の1。アルコール度数は約16度。写真奥の藁づと入りは、純米酒『自然郷』。

↓江戸末期から続く酒造、大木代吉本店。赤瓦の屋根、白漆喰《しっくい》に海鼠《なまこ》壁の風格ある旧い蔵が、大事に使われている。

↑東京から東北新幹線で郡山駅まで1時間30分。JR東北本線に乗り継ぎ、矢吹駅まで約30分。矢吹駅から徒歩3分。福島空港からは、タクシーで約10分。

和《わ》三《さん》盆《ぼん》糖《とう》

◆徳島県板野郡上板《かみいた》町

【作りどき】冬から春まで

まだ砂糖が高嶺《たかね》の花だった江戸時代、白い砂糖を求めて、日本独特の手法が考案され和三盆糖《わさんぼんとう》が生まれた。ただ甘いだけの精白糖《せいはくとう》とは一線を画す、昔作りの砂糖が徳島上板町に続いている。

白を求めて熟練の手が研《と》ぎだす
江戸時代の和製砂糖

⬆和三盆糖の原料になる砂糖黍《さとうきび》は、四国の在来種「竹蔗《ちくしゃ》」。細黍《ほそきび》ともいう。根に糖分が多いので、冬に一本一本引っこ抜いて収穫する。

⬇砂糖黍の搾り汁を煮詰めた白下糖《しろしたとう》。攪拌《かくはん》しながら冷やすと、砂糖の結晶が細かく滑らかになる。ここから黒蜜を抜くと、白い和三盆糖になる。果糖やミネラル分を含んだ黒蜜もおいしい。

⬆「研《と》ぎ」と「圧《お》し」を繰り返して、白下糖から徐々に黒蜜分を抜く。あともう1回で仕上がる。和三盆糖という風変わりな名は、盆の上で「研ぎ」を3回繰り返したことに由来するという。今は5回研ぎ。

「口にあてたら、とがっとるのと、まろっこいのと、たちまちわかります」

吉野川流域の上板町で和三盆糖作りをする岡田英彦さんはそういって、しっとりとした象牙色の砂糖を、すすめてくれた。

舌にふれるやいなや、春先の牡丹雪《ぼたんゆき》のように消え失せて、穏やかな甘さがふわっと広がった。パワフルな黒糖とも、ただ甘いだけの精白糖ともちがう。その甘さは深々として繊細微妙。

和三盆糖は18世紀末から阿波《あわ》、讃《さぬ》岐《き》地方独特の手法で作られてきた、いわば江戸時代の白砂糖である。

当時、白い砂糖は、ごく限られた上流階級の嗜好品《しこう》として珍重されたものらしい。細黍《ほそきび》の汁を煮詰めた褐色の白下糖《しろしたとう》を、白肌の和三盆糖にする技法は、秘中の秘。製法場へは部外者一切、立入禁止だったそうだ。

上板町の砂糖作りは、230年ほど前に農閑期仕事として始まった。

「親父の代は農業が主体で、砂糖は副業でした。半農半糖の家がこの町に100軒あまりあったです。昔は坂をのぼってくると、ここら一帯、砂糖を焚《た》く甘い匂いがしたもんです。戦前まではみな白下糖でした」

砂糖黍《さとうきび》栽培農家は、搾って焚いた白下糖を樽詰めして、和三盆糖製法場へ出荷していた。農家には白くする技術はなかったという。

砂糖黍搾りは昭和24年頃まで、牛が回す石臼《いしうす》だったそうだ。黍収穫の始まる12月になると、「しめこ」と呼ばれる専門職集団が、徳島の山間地から頑丈な牡牛を何十頭とひいてやってきた。蔵人《くらびと》をとりまとめて酒造りにくる、杜氏《とうじ》のようなものである。

「村を夜中の2時に出て、こっちへ着くのが夕方だったと聞いてます。牛の首につけた鈴の音が、ちりんちりんいうてな。遠くからでも、ああ来るなとわかったもんです」

収穫した黍は、できるだけ早く搾らないと味にひびく。

「夜中の1時から夕方まで、休みなしで搾ったもんです」

圧搾機に変わった今も、長いつきあいのしめこ集団が、代々同じ山村からやってくる。

←「研ぎ槽《とぶね》」と呼ばれる桜の木の台で、水を打って練りあげる「研ぎ」の作業。熟練製法《ほう》人《じん》のごつい手が、繊細な白さと味を研ぎだす。

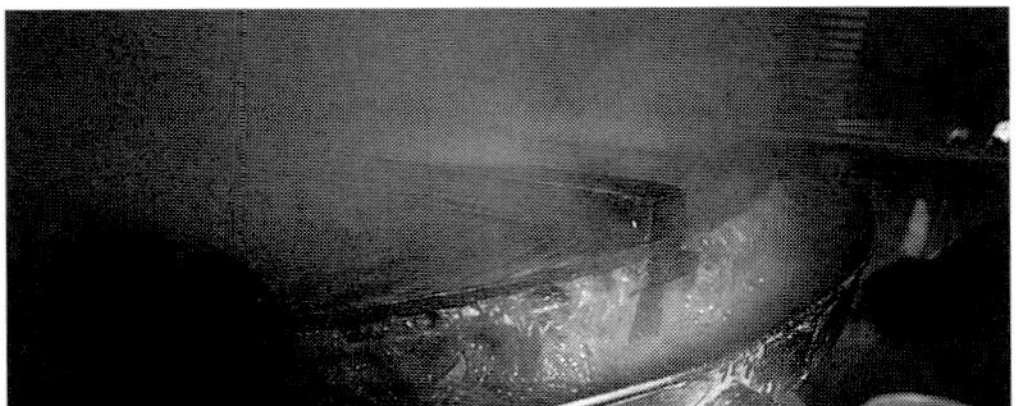

⬆牡蠣殻《かきがら》灰をふりこんで、煮汁が透き通るまでじっくりと、徹底的にアクを取り除く。このアクとりが、和三盆糖の白さの秘訣。

➡細黍の搾りたて。透き通るジュースは、甘い匂いとさわやかな甘さ。糖度16～22度の生《なま》黍《きび》汁が約90度の和三盆糖になる。

⬆道具は樫《かし》の棒と石と木製圧《お》し槽《ぶね》。昔のままの製法場は、すべて人力手動。この道50年余の製法人坂東千代吉さんは、弟子の若者とふたりで年間約70 t の和三盆糖を研ぎ上げる。

色と味を追求していくとだんだん昔に返っていった

甘い匂いのする釜場に、もうもうと湯気がたちこめる。

この匂いを嗅《か》ぎつけたら、黙っちゃいないはずの蟻《あり》が、不思議に見あたらない。まだ冬籠《ごも》りか。それとも砂糖に飽きたか。製法人もハテと首を傾げる。こればかりは蟻に聞いてみないとわからない。

釜焚きの勘所はアク抜きである。ここではしょると、仕上がりの白さが出てこないという。

搾り汁に牡蠣殻《かきがら》の灰を、ひとつまみふりこんで気長に煮ると、アクや塵《ちり》を包み込んで泡が浮き上がる。灰のアルカリ分で搾り汁を中和させ、砂糖をかためる役目もするという。

「石灰でもできんことないんですけどな、わずかな苦みが出る。昔ながらの牡蠣殻灰がええんです」

さらに沈澱槽《ちんでんそう》で不純物を取り除き、上澄みを煮詰めると褐色の白下糖になる。

「研《と》ぎ」と「圧《お》し」という独特の手法で、白肌に仕上げるのが製法人だ。

「研ぎというのは、米を研ぐのと同じです。呼び水を含ませて練り、蜜を引き出すわけです」

この道50年、坂東千代吉さんは81歳、ばりばりの現役である。

ごつく大きな手が、水を打ち、砂糖をむんずとつかみ、こね、練り上げる。これをてこの原理でひと晩圧《お》すと、にじみでた黒蜜がとろりと滴《したた》る。

繰り返すたびに、徐々に色は白く、粒子は細かく滑らかになっていき、5回目にようやく象牙色の砂糖に仕上がる。樫《かし》の木の圧し棒、重石と荒縄、桜の木の研《と》ぎ槽《ぶね》、木製圧し槽に木桶《きおけ》。製法場で使い込まれた工芸品のような道具は、200年前とひとつも変わらない。

まる5日かかる蜜抜き作業も、今どきの遠心分離器にかければ、たった1時間ですむそうだ。

「機械入れよか」とあるじの岡田さんがいえば、「そんならやめさしてもらう」と一徹の老職人が応える。

「味と色を追求していくと、だんだん昔にかえっていくんです。食物はなんでもそうやけど、うまなかったらあかん」

甘い砂糖より、旨い砂糖である。

⬅研いだ砂糖を目の粗い布に包んで「圧し槽」に入れ、ひと晩重石をかける。黒蜜を含んだ1回研ぎ（下）と、5回研ぎ終えた和三盆糖。

⬆仕上がった和三盆糖を、ふきさらしの製法場の屋根裏部屋で、寒風の中、４～５日陰干しする。

⬆徳島駅からＪＲ高徳線で板野駅下車、駅からタクシーで約15分。バス利用では徳島駅から鍛《か》冶《じ》屋《や》原《ばら》行きで終点下車、徒歩約15分。徳島空港から車で約40分。

取り寄せ情報

和三盆糖　100ｇ300円。500ｇ箱入り1400円。干菓子詰め合わせ500円。あられ糖 80ｇ700円。墨蜜 600mℓ650円。送料別。岡田製糖所　〒771－1310徳島県板野郡上板町泉谷　☎0886･94･2020　FAX0886･94･2221　営8：00～18：00　無休

⬅品のいい甘さが身上。高級和菓子の原料、料理の隠し味にも使われる和三盆糖と茶人好みの干菓子。

柚《ゆ》子《ず》こしょう

◆大分県大分郡庄内町

【採りどき・作りどき】8月下旬から9月上旬
【食べどき】1年後から

食欲を刺激して、夏バテを吹っ飛ばし、おまけに体内脂肪の分解も助けてくれる。ほんのちょっぴりで口の中に熱い旋風を巻き起こす。熱い刺激と冷えた素麺《そうめん》はことに相性がいい。

香りの青柚子と激辛唐辛子、夏の底力を秘めた熱烈コンビ

⬆唐辛子の収穫期は８月末から９月いっぱい。採れば採るほど出てくる。契約農家が無農薬、有機肥料で栽培している。

➡青柚子は、もいですぐに皮をむく。日が経つと皮が中身と離れてむきにくくなる。緑色の皮を透けるほど薄くむくのが技術。

⬅粉砕した青柚子の皮２と唐辛子１を混ぜて塩漬けし、１年寝かせた桶を開けると、びっしり白《しろ》かびのベールが覆っていた。この下でホットな柚子こしょうが仕上がっている。

九州のとある駅前のうどん屋のテーブルの隅に、見慣れない緑色のビン詰めが載っていた。柚子のいい香りに誘われてちょっと舐《な》めると、髪の毛が逆立つくらいびりびりきた。その辛さは胡椒どころではない。

九州で「こしょう」といえば、唐辛子のことだとこのとき初めて知った。あれから数十年が経ち、今では、すっかりびりびりの虜《とりこ》である。

柚子こしょうは、九州北部の農家で古くから自家用に作られてきた。

庭の青柚子と畑の隅になる、虫も食わない唐辛子を、すりつぶして塩をして壺に漬けると、1~2か月後には食べられる。ありもので間に合うし、日持ちもする。漬物と同じように、各家それぞれの味があって、冷たい素麺、温かいうどん、そば、味噌汁、水炊き、おでんなどの薬味、魚の匂い消しという具合に、何かと重宝に使われている。

柚子も唐辛子も夏にはまだまだ青い未熟もの。どちらも猛烈にとんがっていて、とても食べられたものじゃない。誰が思いついたものか、この食えないもの同士を組み合わせると、香り高く刺激的な和の香辛調味料になる。

香辛料に不慣れな日本人としては、目覚ましい発明である。

アメリカ大陸原産の唐辛子が日本へ伝来したのは、16世紀というから、そう古いことではない。

南蛮船が運んできたから、東北地方では南蛮と呼ぶし、南蛮船は唐船ともいったから唐辛子とも呼ばれる。食物の呼び名もひと粒の種のように各地へ飛び、それぞれたどり着いた土地に根を張っていておもしろい。

唐辛子の胡椒を上回るあの辛さは、カプサイシンといって食欲増進効果がある。そればかりか体内の脂肪の分解を促す作用もあるという。

柚子はというと、奈良から平安時代にかけて、原産国中国から渡来したといわれる。柚子の果汁は酢に、果皮は日本料理にはなくてはならない香りの食材として、ゆうに1000年以上も使いこなされてきた。香りや色どりばかりではない。果皮に含まれるビタミンCは、柑橘《かんきつ》類のなかでもずば抜けて多く、カルシウム、鉄、カリウム、ビタミンも豊富だ。

長年家庭で食べられてきた、柚子と唐辛子の絶妙な組み合わせ。薬味とはよくいったものである。

⬆青柚子の収穫時季は短く、8月の下旬から10日間ほど。大分の柚子栽培の先駆者、阿南英司さんの柚子園で。

⬅柚子の皮は漢方にも使われる滋味。皮を食べるので消毒は、冬の間に年1回のみ。

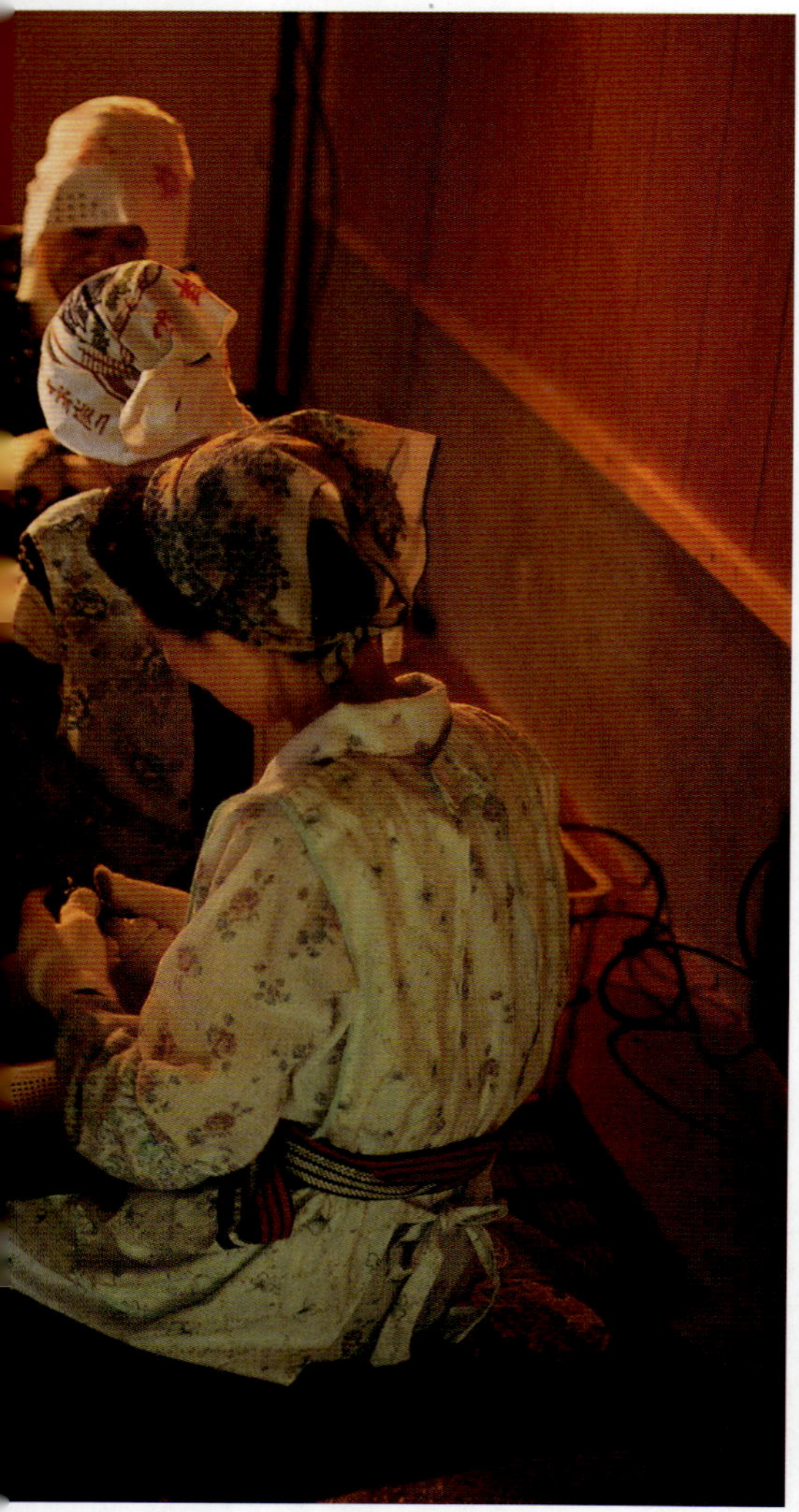

⬆さっぱりした辛さの大振りの唐辛子をすりつぶし、自然塩に漬けて１年寝かせたもの。新物の柚子皮と合わせてさらに１年おく。

➡粉砕した柚子皮は、緑が微妙に違う。1年ものこしょうを混ぜて漬け込む。一般には柚子と唐辛子と塩と混ぜて、２か月ほどで食べる。

⬆皮むきの作業場は柚子のさわやかな匂いでいっぱい。助っ人６人がナイフでひとつひとつ１日７時間、約40kgの青柚子をむく。

時季にかなった青柚子の表皮に香りと滋養・薬効がある

桃栗3年柿8年、柚《ゆず》の大バカ10何年だったか……。とにかく柚子は忘れた頃にやっとなる。

夏のまだ堅くて青い実をもいで、柚子こしょうにする。

木には鋭い棘《とげ》があって、下手すると厚い革手袋も刺し貫く。

「以前は青果で出荷していましたが、6月の花時から12月の出荷まで、半月に1度は消毒せんならん」

柚子は皮を使うから、見かけが悪いと二束三文だという。それがいやになって青果出荷をやめたと、柚子園の阿南英司さんはいう。

消毒は冬1回にとどめ、樹間に堆肥を入れるだけで、毎年実をつける柚子を、江藤寿彦さんは1日作る分だけ、そのつど40分ほどトラックを飛ばして受け取りに行く。

「青い実は香りが鋭くていいんです」

8月下旬に青柚子の塩梅《あんばい》をみて柚子こしょうを作り始めるという江藤さんは、九州の屋根阿蘇くじゅう山群連なる黒嶽《くろだけ》の麓《ふもと》の宿の主である。

裏山はイヌワシの棲息地だったおかげで、伐採を免れた原生林。庭の一隅にこんこんと炭酸水が湧き、ちくちくする流し素麺と鉱泉が名物だ。

「ここへ来て素麺を食べんと夏が終わらんで」

と近在のなじみ客もやってくる。

素麺の薬味は、もちろん柚子こしょうである。

「昔は朝地下足袋はいたら、夜まで脱ぐことできんかった。こんな手間暇仕事は、ばあさんたちの仕事さね」

そういいながらも、助っ人にくるご近所の農家のかあさんたちの手は休まない。年に数回のアルバイトとはいえ1個30秒という速さで、1日に約1000個、青い皮だけを透けるほど薄くむく。名人芸の域である。

皮をミキサーでつぶして塩をし、塩漬け唐辛子を混ぜて、桶に漬け込んで1年寝かす。1年ものの桶を開けると、真っ白なかびが蓋《ふた》のように覆っている。掬《すく》い取って捨てると、閉じ込められていた柚子の香りがふわっとたち、きれいな緑色が現れた。

寝かせた分塩味はまるいが、ひり辛の刺激は少しも衰えていない。

20年前は桶1個だった江藤さんの柚子こしょうは、流し素麺で味をしめた愛好家に励まされて、現在20〜30個に増えた。

水と空気のおいしい土地の、旬の原料で、自分がおいしいと思うものをぼつぼつ作る。それが食べ物作りの基本。そんなあたり前のものが、なによりである。

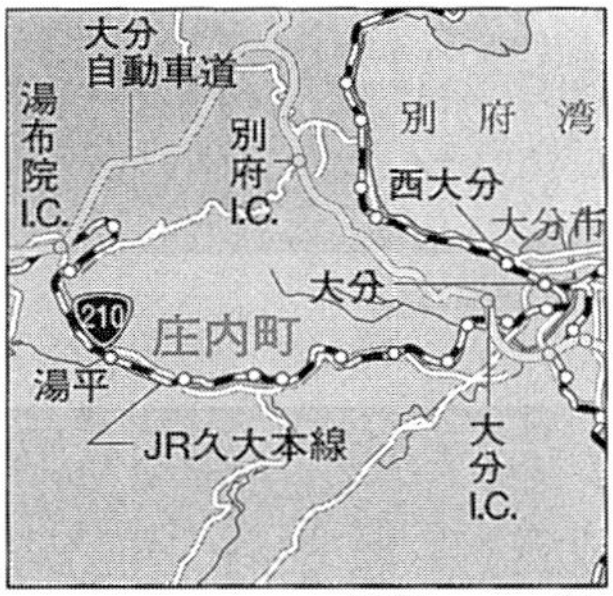

⬆大分駅からＪＲ久大《きゅうだい》本線で湯《ゆの》平《ひら》駅まで約45分。車は、大分自動車道湯布院ＩＣから、湯平経由で男池を目指して阿蘇野《あその》まで約30分。送迎してくれる。

⬆皮をむかれた青柚子が山と積まれている。この時季は果実の水分が少なくて果汁も搾れないが、種の焼酎漬けはお肌にいいそうだ。

⬆白水鉱泉の湧き水で食べさせる素麺の薬味は、ねぎ、ごま、柚子こしょう。

➡１年熟成させるのは江藤さん流。香は新漬けのほうが鮮烈だが、塩味穏やかで味に深みがでる。原料は柚子皮・唐辛子・自然塩のみ。

取り寄せ情報

1年熟成柚子こしょうビン詰め 60ｇ 22
1個500円。送料別。数に限りがあります。代引きで。黒嶽荘　江藤寿彦　〒879－5423大分県大分郡庄内町阿蘇野2259　☎097・585・1161　FAX097・585・1172　営9：00〜20：00　無休

胡麻油

◆鹿児島県伊佐郡菱刈《ひしかり》町

【穫りどき】8月
【食べどき】10月から

農薬を使わずに、堆肥《たいひ》で育てた胡麻を盛夏に収穫し、薪《まき》の火でじっくり煎《い》って、石の重みでじわじわと圧しつぶす。古来「食べる薬」といわれ、宮廷や禅寺で珍重されてきた胡麻の、香り高い黄金色の一滴。

真夏の陽射しを受けた黒胡麻《ごま》から
太陽のような黄金色の油を搾《しぼ》る

⬆刈り取って２週間自然乾燥した黒胡麻。花が枯れるとその場所に３個のさやができる。中には約20粒の黒胡麻が入っている。アミノ酸、カルシウムなど栄養豊富。

➡大型台風の後、黒胡麻を収穫する福永栄吉さん。4月末から5月初旬に種を播いて、8月初旬、台風の前に収穫するのが理想的。

⬅明治時代の圧搾機『玉締め機』。油圧式で下からドラムがゆっくりせり上がって、石の重みで圧しつぶす。黄金色の胡麻油と、その芳香がじゅわっと流れ出る。

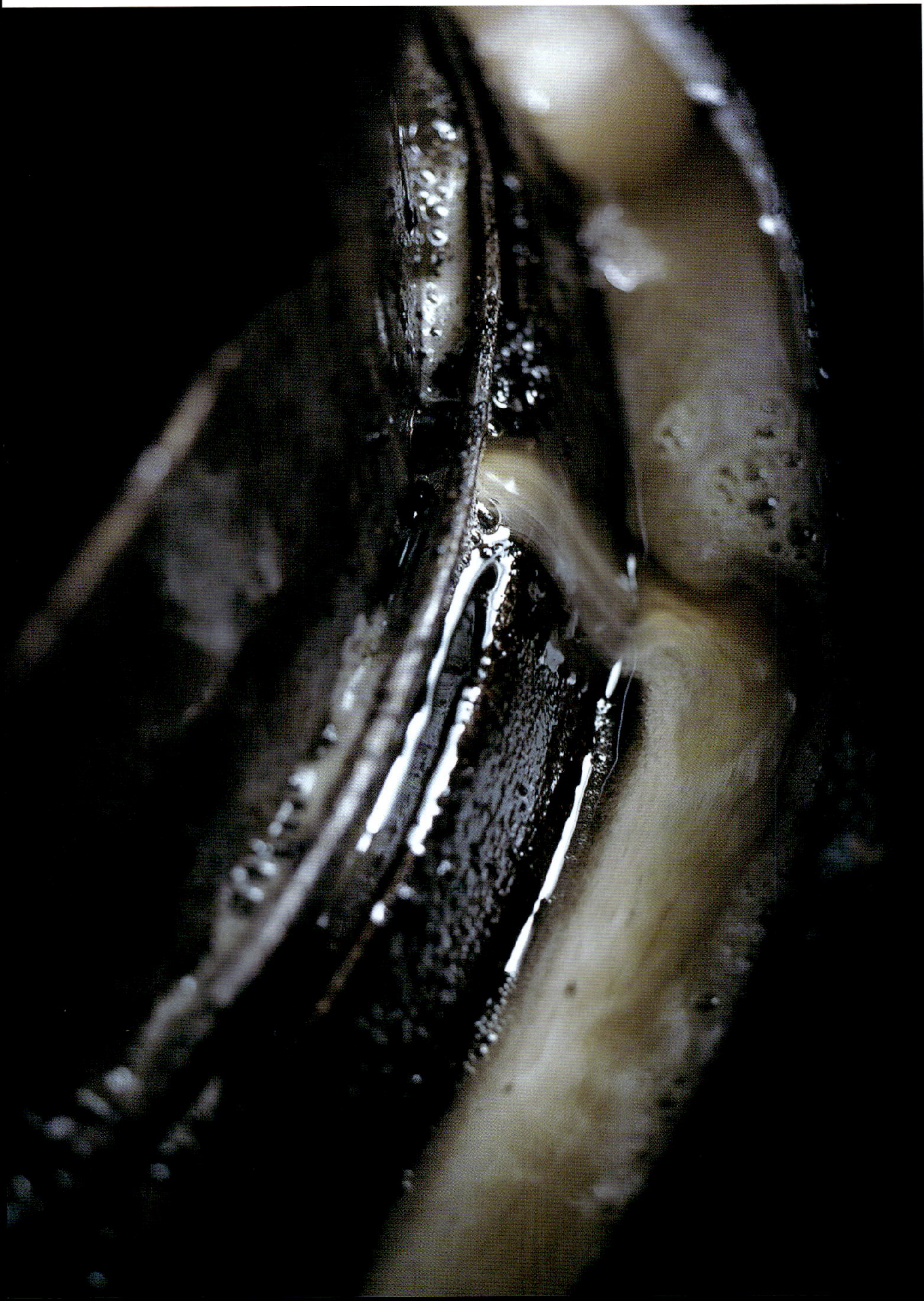

黄金色と胡麻の芳香色香につられて、胡麻油を舐めてみて、なるほど怪談話の化け猫が舐めるわけだと合点がいった。うまいのである。油そのものに味わいがある。炒め物やてんぷらにしても、胡麻の存在は消えず目立たず、素材を引き立てる。

　地元で穫《と》れる胡麻を天日に干して薪火で煎り、粉砕して蒸し、石の重みで胡麻を圧しつぶして油を搾る。胡麻の風味がそのまま溶け込んだ、いいとこどりの一番搾りである。

　１ｔの胡麻から約５００kgの油が採れる。半分は搾りかすになって残るが、二番搾りはしない。かすは家畜の餌や有機栽培の畑へ戻される。

　薬品を使って、かすも残らないほど搾り尽くし、高熱をかけて精製する今どきの油とは、比べものにならない。これが昔ながらのまっとうな油というものである。

⬆栽培している胡麻は、黒、金、白。金胡麻は黒胡麻に比べて栽培しやすく、油脂分も多いが、栄養価ではかなわない。

　胡麻はわが国では、稲と同じくらい古く、縄文末期には栽培されたといわれている。小粒ながら油脂分、良質のたんぱく質、ミネラル、ビタミンをたっぷり含んだ胡麻粒は、古来「食べる薬」と珍重され、殺生、肉食を禁じた仏教国には、なくてはならない栄養補給源でもあった。

　油も古くから搾られていたようで、大宝律令（７０１年）には、税として納めることを義務づけた記載もあ

⬆音をたててさやがはじけたら、叩いて粒を落とす。唐箕《とうみ》にかけてゴミや未熟胡麻を飛ばして選別し、2〜3日天日乾燥。

るそうだ。天平時代には、胡麻油1升が米4斗5升（1俵強）に値したというから、ひどく高価なものだったらしい。

油は酸化しやすく、日持ちのよくないものだが、胡麻油には酸化を抑える抗酸化物質が含まれており、風味が長持ちする。適量ならば老化を防ぎスタミナを持続させるといわれるビタミンEも豊富だ。

滋養のつまった胡麻粒は、禅林の精進料理から茶懐石へ、そして江戸庶民の好物てんぷらへと広まった。

胡麻とは紀元前以来の浅からぬつきあいだというのに、農家の自家用を除いて、国内ではもうほとんど栽培されていない。国産胡麻の胡麻油も、もちろんないに等しい。

⬆焙煎《ばいせん》の温度と時間の加減で、油の量、味、色が決まる。香気を飛ばさないように低い温度で煎りあげる。廃材を薪にして焚《た》く。

⬆焙煎した胡麻を粉砕し、木桶のせいろうに入れる。蒸気をかけ、握ってしっとりするまで蒸す。水分と熱で油が搾りやすくなる。

⬆粉にした蒸し胡麻を入れ、丈夫な木綿マットでくるんで蓋をして、玉締め機につめる。20分かけて無理なく搾る。摩擦熱が出ず、油の風味をそこなわない。暑い時期は、質が落ちやすいので搾らない。

地元産の胡麻を、明治生まれの『玉締め機』でゆるやかに搾った純正

「安心して食べられる、だれにも負けない日本一の油を作りたい」

　家業を継ぐにあたって、和田久輝さんは「昔に戻ろう」と腹を決めた。安い量産品におされて、次々に油屋は廃業していった。鹿児島県北部の小さな町で普通の菜種油を搾っていた油屋の、存亡をかけた決断だった。

　古い精油所を訪ね、埃《ほこり》をかぶっていた明治時代の玉締め機を探し出して譲り受けた。胡麻を栽培する農家もなく原料の種は研究者からもらい受けた。家の田畑を胡麻畑にかえ、堆肥を入れて農薬を使わずに、19品種を栽培し、その種を、無償で農家に配って、自然農法で栽培をしてくれるよう説いて回った。

「利潤はさておいても」と引き受けた数人で始まった契約栽培農家は、13年たって２２０軒に増えた。

「3年辛抱すれば土ができて、風や虫にも強くなる。葉っぱを見ればようわかる。台風が来て倒れても、また起き上がってくっとです」

　胡麻は「日照り草」といって、旱《かん》魃《ばつ》に強く、長くても90日で収穫できるという。下から順々にピンク色のつりがね草のような花が咲き、終わるとさやができる。１・７ｍにもなる茎の先端まで花が咲いたら、収穫どきだ。農薬をまかないから、ぎゃっというくらいの大芋虫もつく。

「さやには悪さをしないから、農薬をふらないで。体を悪くするから」

　和田さんは農家にそう頼むという。芋虫はやがて蝶になる。一面の胡麻の花畑に、見事な蝶が舞い上がる様が目に浮かぶ。

　刈り取った胡麻は、叩いて粒を落として天日に干す。

　吹けば飛びそうで気がもめる。

「いやあ少々の風では飛ばん。一粒一粒重たかもんです」

　太陽光をたっぷり吸った胡麻は、１００年たっても芽を出すそうだ。

　薪の火で香ばしく釜煎りして、木桶のせいろうで蒸し、綿布にくるんでじんわり「タオルを絞ったくらいに」搾る。7日間静置して上澄みを和紙で濾過《ろか》する。これを2回繰り返してできあがる。

　4台の玉締め機をフル稼働しても

➡1週間静置沈澱し不純物が沈むのを待ち、上澄みを手漉《てすき》和紙で濾《こ》す。2回繰り返して瓶詰め。消泡処理しない原油なので、揚げ物のとき泡が出る。

取り寄せ情報

自然農法産は、３年以上農薬、化学肥料を使わない畑で栽培したもの、ねりごま、釜いりごま、菜種油、黒ごま香油などを詰め合わせた贈答用箱入りセットもある（3000円から）。鹿北製油　〒895-2811鹿児島県伊佐郡菱刈町荒田3070　☎09952・6・2111　FAX09952・6・2112　営8：00～17：00　休日曜日

←右から、黒ごま香油630g3000円。自然農法産黒ごま油280g5500円。金ごま油630g2600円。送料別。

↑玉締めは、薬品を使わず搾る。苛性ソーダなどを使う精製処理や消泡、脱色は一切いらない。自然のままの体にやさしい一番搾り。

←鹿児島空港から南国交通バス本城回り大口行きで約30分、本城小学校前下車、徒歩20分。タクシーだと空港から約30分、ＪＲ肥薩線栗野駅から約15分。

1日の生産は500kg。大手製油会社の大型圧搾機なら150tは搾る。

おそろしく効率が悪い上に、10分の1以下の値段でできる輸入原料は、目が届かないからと使わない。

びっくりするような値段になった。それでも生産が間に合わない。体に優しいのも、おいしさのうちである。

オリーブオイル

◆香川県小豆島
【採りどき】11月から
【食べどき】12月中旬から1年間

オリーブが小豆島で栽培されて90年。わずかな量だが、鮮度のいい実を搾った旬の油は、ビタミンを補給して肌を守り、悪玉コレステロールを減らして長生きに貢献する。

オイルの語源になった果実の一番搾りは かつて、食べる薬と呼ばれた

⬅熟したオリーブの実を粉砕して、果肉や果汁と、油が分離しやすいように攪拌《かくはん》する。これを遠心分離器で果汁とオイルを分けて採油する。

⬆太古から栽培されているオリーブには500以上の品種がある。小豆島のオイルは、主にさっぱり味の晩生種「ミッション」からとれる。

➡年平均気温15・２℃。年間降水量約１２００㎜。温暖な瀬戸内気候の小豆島で、明治41年に日本初のオリーブ本格栽培が始まった。

小豆島から時季のバージン・オリーブオイルが届くと、ぱりっと皮の固いパンに、ニンニクとたっぷりのオリーブオイルを塗っていただく。

包丁で細かく叩いたトマトを載せて塩こしょうし、酢を少々たらすとさっぱりとしてワインがすすむ。その昔、貧乏旅で覚えた南欧風だ。

生の油をそのまま食べるだなんて胸焼けしそうと眉を顰《しか》められそうだが心配ご無用。新鮮なバージン・オイルは、果実のいい香りがして、むしろ生のほうがおいしい。

黒く熟したオリーブの実を、砕いて圧搾し、水分と油を分離させると、金色に透き通ったオリーブオイルが採れる。植物油はほとんど種子から採るが、オリーブオイルは果実から果汁のように搾るのである。

昔は木のサンダルで踏み潰《つぶ》したり石臼でひいたり、少し進歩して機械で圧《お》し潰したりした。物理的手法で搾った油の一番搾りがバージン・オイルである。

大切なのはそのままであること。

「国際オリーブ協会では、何も手を加えてはいけないと明記しています」

小豆島で長くオリーブ研究に携わった笠井宣弘さんは、精製しないバージン・オイルにこそ、オリーブのよさが詰まっていると強調する。

「オイルに含まれるビタミンEやポリフェノールなどの抗酸化物質が、酸化を防いでくれます。古代から火傷《やけど》や打ち身、捻挫の塗り薬に使われていましたが、最近、血中の悪玉コレステロールを減らし、善玉を増やして、血栓症や高血圧を予防する効果があることもわかりました。精製したら、いい成分が、何もなくなってしまいます」

熱が加わらないので、豊富に含まれるビタミンA、C、Eなどの成分や、およそ70種もの芳香成分がそこなわれず、完熟果実ならではのフルーティな香りが楽しめる。

すでに６０００年前には栽培されていたであろうといわれるオリーブの樹が、日本に初めて植えられたのは、文久年間（１８６１〜６４）。将軍の侍医の進言だったそうだ。本格的に栽培が始まったのは、ずっと下って明治41年のことである。

三重、鹿児島でも試験栽培されたが、瀬戸内の気候がオリーブの故郷、地中海沿岸に似通うところがあったのか、小豆島だけに根付いた。

オリーブの樹は5年目からでないと実をつけない。採算が採れるまでに、30年かかるというほど、成長の遅い樹である。

「ほったらかしといたらいい樹に、愛情を注いで育ててくれた、島の人たちのおかげでしょう」

異国の樹は、それに応えて実を結んだに違いない。

⬆若木１本から約８〜10kgの実を収穫。１ℓの油を採るのに約５kgの果実が必要だ。植松さんの畑では、根回りの草を手で抜いている。

⬆丸ごと潰したオリーブの20％は油。東洋オリーブが農家のものも一手に引き受けて搾っている。時期には量り売りもする。

⬅搾りたてバージン・オイルの黄金色の一滴は、まさにフレッシュ・オイルジュース。果実の香りが生きている。

⬆搾った油はひと晩沈澱させ、フィルターで濾《こ》して壜《びん》詰め。ひと月寝かすと味が落ちつき、香りがふくよかになる。

時季にひと粒ずつ摘み取って搾るフレッシュ・オイル

小豆島の小高い丘のオリーブ果樹園の向こうに広がる海は、11月だというのに、のったりと眠気を誘ううららかさ。白っぽい緑色の細い葉の間に、黒光りする実が耳飾りのように揺れている。

そろそろ収穫どきである。ここではひと粒ひと粒選別しながら、手で摘み取るのだという。

荒涼とした大地に、延々とうんざりするほど続くオリーブの樹の下に布を広げて、長い棒でべんべん枝を叩いて実を落としていた、南スペインの収穫風景と、なんという違いだろう。樹の立ち姿からして違うのだ。大きなお尻の肝っ玉母さんみたいな彼の地の樹に比べると、小豆島のはいかにも楚々《そそ》とした醤油顔の箱入り娘といった風情である。

「荒れ地に育つ強い樹ですが、弱点は台風です。根が横に張るもんですから、風に弱い。台風の通り道は、ばたばた倒れます。枝をつめて樹を起こして、植え直してやるんです。たいてい収穫前なので、ネットをかぶせんとひと晩の風で、全部実が落ちる。オリーブの間に風よけの檜《ひのき》を植えています。それにもうひとつオリーブ・ゾウムシという、木を枯らす手強いやつがいる」

山を開墾し、掘り出した石を積んで斜面に石垣を築き、枯れても枯れても根気よく、また苗木を植えた。東洋オリーブの豊島果樹園で昭和10年から栽培に携わる向井さんの話は、子育て奮戦記のようでもあった。

オリーブオイルの輸入量は年間約2万t。急速に増えつつある。小豆島の生産量が10~15t。微々たるものだが、目の届く範囲で育て、丁寧に手摘みして鮮度のいいうちに搾れる。小さいことは強みでもある。

小豆島の醤油屋植松勝太郎さんが200本の木を植えて、低農薬の小さなオリーブ園を作って10年になる。安心して食べられるものを、と無農薬有機栽培の原料で醤油を造るかたわら、オリーブオイルも、と目指す。

牛糞《ふん》を発酵させた堆肥を入れ、渇水の夏には水をやり、900坪の畑の雑草を春夏秋と3回、除草剤を使わずに、手と機械で退治する。木を枯らすゾウムシの防除も、最小限の1回に抑えている。たっぷりの手間と愛情で育つオリーブの収穫は、年間約1・5t。採れる油はその約1・5~2割でしかない。芋の葉の上の朝露みたいなものである。

「ささやかでも、小豆島のよさを生かしたオリーブオイルを作りたい」

今年また300本の苗木を植えた。

小豆島のどこの小学校の校庭にもオリーブの樹がある。子供たちが収穫した実の漬物は、給食の献立に加えられるそうだ。

「霜焼けには校庭のオリーブの実を

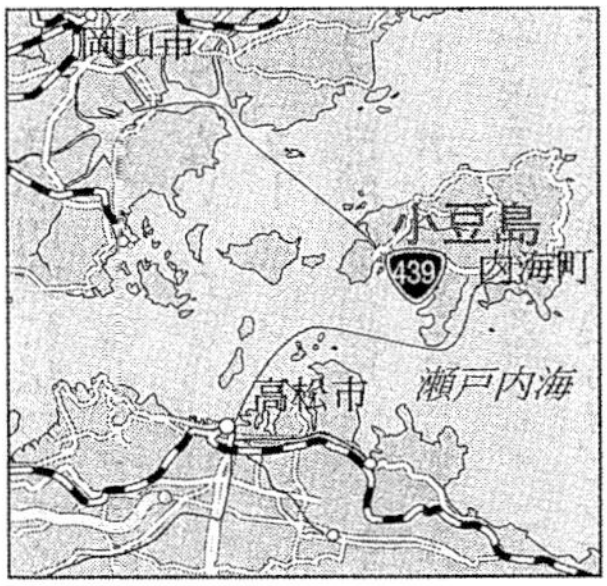

⬆香川県高松港から小豆島行きフェリーで草壁港まで１時間。タクシーで５分。岡山県新岡山港から小豆島行き高速艇で土庄《とのしょう》まで35分。タクシーで約30分。

⬆緑の実が黒く熟したら摘みどき。黒に少し赤みが残るくらいが最もいい。時期に選《え》りすぐって摘んだオリーブ。

取り寄せ情報

完熟手摘みオリーブオイル　予約を受け付けます。郵便為替で入金確認後12月中旬発送。㈱ヤマヒサ〒761－4411香川県小豆郡内海町安田甲243 ☎0879・82・0442 FAX0879・82・5177 営8：00～17：00 休第2・4土、日、祝日

⬆11月末に搾る植松さんの低農薬栽培のオリーブオイル。予定本数1000本。１本220㎖2000円。２本組み。送料別。

採ってつけたしな。お腹をこわしたらオリーブ油を飲まされたです」

異国の木、オリーブが小豆島に根づいて90年。島の人々にとっては、なつかしい故郷の味である。

㈱東洋オリーブ／収穫時期のできたて11月～２月限定「初しぼりオイル」１本500㎖3000円。送料別。☎0879・75・0260 FAX0879・75・2283

ショトル・ライブラリー

思わず笑みがこぼれたのは、美味しいものを食したからですね。
サライの本とショトル・シリーズ。

最新朝めし自慢

出井邦子・『サライ』編集部・編

各界から27人の著名人が、自慢の朝食を公開。特製おじや、具だくさんの味噌汁、大蒜《にんにく》入りチーズトースト……。「長寿、健康の源は朝めしにあり」を実践する、こだわりの朝食がそろいました。

故郷《ふるさと》の暮らし暦《カレンダー》

出井邦子・『サライ』編集部・編

日本の母、一子さんが現代人に季節と旬をお届けします。寒の水で作る蕎麦、手前味噌仕込み、果実酒など、ふるさとならではの味を紹介。一子さんの知恵、技がつまった生活万能暦です。

名店・老舗の酒肴

蕎麦屋で酒を飲む

『サライ』編集部・編

とくに手こそかけないが独自の味つけで、なお酒に合う工夫の数々。板わさ、だし巻、蕎麦味噌……。秘伝が生み出す名店・老舗の味と楽しみ方がわかる実用ガイドブックです。

お国自慢

鰻料理百科

佐藤隆二・『サライ』編集部・編

全国から〝天然モノ〟にこだわる鰻自慢19店舗を紹介。さらに各地に伝わる多様な漁法や鰻料理の調理法、誕生秘話などなど。読むほどに元気モリモリの〝鰻トラの巻〟が美味しく出来上がりました。

オールカラー版 寿司ネタ図鑑

本多由紀子・『サライ』編集部・編

職人中の職人が握った１２０種の寿司を眺めながら、86種の魚や貝たちの意外な美しさや不思議な形と生態に驚く。寿司が恋しくなる目においしい大人の図鑑です。

ビールに合う旬の味

食材取り寄せ情報付き

『サライ』編集部・編

桑名の蛤、讃岐の蚕豆、大分の関鯖、三陸の牡蠣。全国各地から取り寄せた四季折々の特産品の野菜や魚介類を、ぎっしりと紹介。ビール党のための豪快にして美味なるつまみ集です。

うどん好き百科

『サライ』編集部・編

大阪のきつね、鍋焼き。名古屋のきしめん、味噌煮込み。甲州名物ほうとう。全国各地の名店ガイドから蘊蓄まで、うどんのすべてがわかる仕掛けで、うどん好きの心をくすぐる一冊です。

全国逸品豆腐

佐藤俊一・『サライ』編集部・編

いいお豆腐の条件は、いい豆、いい水、本ニガリ、そして確かな職人さんの腕。この条件をクリアしたこだわり豆腐を売る店を全国から厳選紹介。見るもおいしい逸品豆腐が勢ぞろいです。

全国各地 青物(魚)料理法

成澤哲夫／守田修治・『サライ』編集部・編

鯵、鰯、鰹、こはだ、鯖。この青魚のおいしさを引き出す全国各地の自慢料理や名物料理、特産品の加工食品をきめ細かく取材しました。青魚の基礎知識がぎゅっと詰まった一冊です。

木と語る

佐野藤右衛門・著

現代人が失ってしまった〝土のある風景〟を再び――。全国の桜を調査する桜守である天下一の庭師・佐野藤右衛門氏が、道具選びから心得まで、庭づくりの極意を語りつくします。

クラシックカメラ倶楽部

高島鎮雄・著

美しいデザイン、ユニークな発想の設計、単純な操作など、クラシックカメラの魅力をたっぷりと紹介。遊び心を大切にして、より自由で実用的なカメラ選びを提案します。

映画の昭和雑貨店【完結編】

川本三郎・著

『ダンス』、『レコード』、『遠いアメリカ』、『外食の楽しみ』……。戦後、日本映画の〝名傍役〟を演じた小道具や風俗33テーマにスポットをあてて綴った、川本三郎の映画観察ノート。

ガラクタ道楽

林　丈二・著

呼び鈴、噴水、マンホールから人造人間まで。多彩なテーマを拾い集めてユニークな視点で綴った街歩きエッセイ。膨大な日常の博物誌的資料と写真も魅力です。

超ロング・セラー 絶滅寸前商品

湯川豊彦・『サライ』編集部・編

鰹節削り器、日本剃刀、湯たんぽなど、かつての日本人の生活に欠かせなかった道具たちも今や絶滅寸前。こだわりを持って作り続ける職人と、愛しい道具の数々を紹介。

Shotor Library

日本の正しい調味料

味の記憶は、しぶといものだと思う。

おなじみの味噌、たまり、米酢、酒など調味料の生い立ちをたどると、ゆうに千年の昔にさかのぼる。手造りのその製法は、今でもそう変わっていない。

調味料は和の味を支える、縁の下の力持ちであるばかりか、その殺菌力で腐敗を防ぎ、食べて体の調子を整える、おいしい家庭薬でもあった。

まともに造れば、手間も時間もかかる。高くつくのは当たり前なのに、不思議なことに水より安い醤油さえある。毎日のことだからこそ、佳い調味料を選びたい。

かつて「それが普通」だったように、国産の原料を使い、伝統の手法で造られる『日本の正しい調味料』を全国各地に訪ねて歩いた。

これで料理がおいしくならなかったら、腕を疑ってください。

２０００年９月　陸田幸枝

※おことわり／『サライ』の連載企画「もうひとつの旬」から日常使用の調味料を選び構成したものです。既刊のサライムック『極上食材図鑑』１集、２集に載ったもので、本書で扱っているものもあります。

著者／陸田幸枝
写真／大橋 弘
カバーデザイン／稲野 清＋杉山伸一
本文デザイン／金川道子・杉山伸一・生越淳一
見留 裕・坂下寿幸・冨澤 崇

日本の正しい調味料
発行／２０００年10月10日　初版第１刷発行
発行者／岩本 敏
発行所／株式会社　小学館
〒１０１-８００１
東京都千代田区一ツ橋２-３-１
販売／０３（３２３０）５７３９
編集／０３（３２３０）５５３６
制作／０３（３２３０）５３３３
印刷／共同印刷株式会社

造本には十分注意しておりますが、万一、落丁・乱丁などの不良品がありましたら「制作部」あてにお送りください。送料小社負担にてお取り替えいたします。

ISBN4-09-343124-8　©Shogakukan　2000 Printed in Japan